U0875992

海河蜿蜒曲折穿过天津，书写着天津的历史，展示着天津的发展。河畔历史性的街区有原九国租界留下的宝贵的欧式建筑群落，其中意式风情区是一颗镶嵌在河边的明珠。百年的历史保留了这片意大利本土之外亚洲最大的意式建筑群，是天津市宝贵的建筑遗产，也是中意文化交流的结晶，目前已经成为天津市的最具特色的旅游景区。

以意大利著名的旅行家、中意文化交流的使者马可波罗命名的广场，是意式风情区标志性的建筑，周边环绕着地中海风格的小洋楼。

马可波罗广场上的小洋楼，是20世纪20年代按照意大利地中海沿岸的建筑风格建造的，展现了中世纪的浪漫特色，这种风格的建筑目前在意大利本土都很难找到了。

意式风情区自由道建设了一条步行餐饮酒吧街，集合了意、法、德、西、俄等异国特色餐饮和风味酒吧，国际知名品牌和天津老字号西餐在此落户，优雅和休闲的街区景观吸引着大量的国内外游客，已经成为天津市最有名气的异国生活体验区。

ČERNÁ HORA 1298
1984 成桂西餐
PIVOVAR ČERNÁ HORA
PATTAYA THAI CUISINE

ENEZIA CLUB
威尼斯 意餐酒吧

街区的灯光夜景五彩缤纷。

雪后的自由道、光复路步行街。

天堂影院前的威尼斯广场，坐落其中的飞狮喷泉是按照意风区历史照片恢复建造的。威尼斯广场是意式风情区一处重要的文化活动广场，在这里举办过意大利风情旅游节、意大利电影周、电影《风声》首映式等众多文化活动。

公共外交存在的基础是彼时外交的精英化和贵族化。而现时公共外交的本质、宗旨、对象和操作模式已发生革命性变革。在各种新媒体工具的冲击下，一国对外决策已经越来越难以摆脱或逃避国际国内公共舆论的影响。与传统媒体相比，新媒体的最大特征就是实现了信息生产的个性化和信息表达的互动化，从而使得普通民众的政治参与热情空前高涨，通过网络议政、微博问政和播客参政，普通民众可以不断地将个人意见加以表达和反馈给信息源，从而影响国际国内公共舆论、推动自身所关心的国际问题议程。在网络空间里，民意从未像今天这样得到各国决策者和政治家们的高度关注，公共外交所需要沟通和说服的对象也更加平民化和多元化。在此背景下，新公共外交不仅要对作为传统公共外交公关对象的外国政治精英和利益集团进行公关，还要瞄向他国的普通大众。

第三，传统外交重在攻势进取，而新媒体外交则着力于攻防兼备。在传统媒体时代，由于国际信息传播的非均衡性和不对称性，诸如欧美等强国很少担心自己被他国价值观外交所渗透，更无被他国政治宣传所颠覆之虞。所谓的“公共外交”在很大程度上也只是单方面体现强国对弱国的宣传攻势，旨在对他国输出西方民主价值理念、煽动他国内乱，颠覆他国政府。整体上，在旧公共外交模式下，强国处于攻势、弱国处于守势。每逢重大公共突发事件和国际危机，弱国常常是“被谴责”和“被打击”的对象，其公共外交常常陷于被动的解释和疏导，且其解释和疏导通常被淹没于国际强势话语中，国际公关效果实为不佳。而如今在新媒体技术革命的冲击下，国际媒介信息的生产者不仅有传统的报纸、广播、电视编辑和记者，而且还增加了每一位新媒体工具的使用者。在此背景下，国际信息传播的不对称性有望被打破，信息来源将会日趋多元化，政治信息的流动将以个人为中心而不是以国家或特定机构为中心，由此信息传播将逐渐摆脱诸如身份、教育程度、地理位置、职业状况等因素的限制，并最终使得国家间政治信息的传递更加丰富和多元化，同时也使得网络空间变得更加风险诡谲、真假难辨。由于新媒体网络传播具有匿名性、非面对面接触、沟通成本低廉、便于外部“网络水军”隐藏等特征，随时

意式风情区最漂亮的建筑之一，具有威尼斯拱券式建筑的风格和屋顶花园，现在是一处法国酒吧。

民族路上的小洋楼。中间一栋是浙江名商易兆云的故居，此建筑是意风区最杰出的建筑之一，建于民国初年，具有文艺复兴风格元素，广受影视界的青睐，《风声》《梅兰芳》《解放》等众多影视作品在此拍摄。目前正在打造成为一处高档精品酒店。

规划展览馆和意风区小洋楼围合成的大型广场，天津市的重大文化活动经常在这里举行，是体现意风区广场文化特色的重要载体。此景是在天津召开的2010年夏季达沃斯论坛在此举办会议晚宴。

意风区民主路上的曹禺故居和曹禺剧院。

意风区民族路上的梁启超故居。

原意大利营盘，建于 1925 年，是典型的砖木结构的意大利风格建筑。拱券式的前廊很有特色，“巨”型的建筑围合成一个广场，这里曾屯兵近千人。

左：海河畔的音乐公园把意式风情区和海河连在一起，公园有欧式的模纹绿化和喷泉雕塑，并建有贝多芬、施特劳斯、李斯特等欧洲著名音乐家的雕像。

右：钟楼坐落于意风区的门户，是意风区的一处标志性的建筑。典型的意大利钟楼和现代玻璃钢结构结合，象征着历史建筑的保护与整修。现在是天津市历史风貌建筑保护展览馆。

海河历史建筑保护
展览馆
Exhibition Hall

北安桥连接了意大利风情区和天津最繁华的和平路商业街。桥梁具有法式桥梁的风格，雕饰精美，桥头安放了“青龙”“白虎”“朱雀”“玄武”大型雕像，被称为欧风汉韵北安桥。

各具特色的意风区小洋楼。

中国商业街系列丛书

TIANJIN ITALIAN STYLE TOWN

天津意式风情区

丛书编委会主任　韩健徽

本书编委会主编　李锡庆

天津大学出版社

TIANJIN UNIVERSITY PRESS

图书在版编目（CIP）数据

天津意式风情区 / 李锡庆主编. —天津：天津大学出版社，2011.9
（中国商业街系列丛书. 韩健徽主编）
ISBN 978-7-5618-4103-7

Ⅰ.①天… Ⅱ.①李… Ⅲ.①商业街—城市规划—天津市 Ⅳ.①TU984.221

中国版本图书馆CIP数据核字(2011)第168272号

策划编辑 金 磊 韩振平
责任编辑 韩振平 姜 凯
装帧设计 谷英卉

出版发行 天津大学出版社
出 版 人 杨欢
地　　址 天津市卫津路92号天津大学内（邮编：300072）
电　　话 发行部：022－27403647 邮购部：022－27402742
网　　址 www.tjup.com
印　　刷 北京华联印刷有限公司
经　　销 全国各地新华书店
开　　本 170 mm × 240 mm
印　　张 10
字　　数 200千
版　　次 2011年9月第1版
印　　次 2011年9月第1次
定　　价 100.00元

中国商业街系列丛书编委会

主　任　韩健徽

副主任　孟志军　傅龙成　刘晓博　刘　樱

陆锦绣　韩江雪　陈　玲

《天津意式风情区》编委会

主　编　李锡庆

副主编　白纪元　宋文智　李朝阳　王海冰

编　委　崔　政　闵　健　周承光　石晨亮
　　　　赵　文　时扬州

编写组　王　宇　吕振然　魏耀辉　温大海
　　　　刘　文　郑爱民　刘寿江　沈　建
　　　　郭　颖

序

我爱去天津，不仅因为她距离北京近，而且因为她与北京、与全国很多城市有着太多的不一样。由于历史的原因，天津的欧式建筑遗存远近闻名。或集聚，或散落，或简洁，或典雅。一砖一瓦，一景一物，每一座百年建筑都拥有着一段历史，一个故事，一处人文，一份遗产，天津也因此拥有了“万国建筑博览会”的美誉。

海河是天津的母亲河，海河蜿蜒曲折流淌过天津，她静静书写着天津的历史，奔放展示着天津的发展。河畔保留的意大利本土之外亚洲最大的意式建筑群落，而今成为了天津市极具特色的商业街区，成为一处到了天津不可不去的地方。

天津意风区的特色可圈可点：政府主导，企业运作的开发特色；异国情调，修旧如旧的建筑特色；餐饮酒吧，休闲时尚的经营特色；名人故居，中西合璧的文化特色。

天津意风区洋为中用，古为今用。实现了餐饮、酒吧、购物、时尚、体验于一体的“五业合一”，实现了商业、旅游、文化于一体的“商旅文合一”，实现了建筑特色与经营内容的有机结合，从而成为天津百年建筑街区与都市现代时尚完美融合的代表，成为天津现代商业发展的标志性符号，成为在全国具有较高知名度和美誉度的特色商业街，成为全国商业街开发建设和经营管理的成功范例。

韩健徽

2011年8月2日 于北京

目录 COTTON

规划篇

经济开发篇

文化篇

建设招商运营篇

意|风|区

ITALIAN STYLE TOWN

CENTURY ITALIAN STYLE FASHION
COMMERCIAL COMMUNITY
A NEW WAY OF LIFE

规划篇

一、概况

天津市是我国的四大直辖市之一，全市面积11 917.3平方公里，常住人口1 293万。天津市是环渤海地区的经济中心、国际化港口城市、生态宜居城市。2008年10月国务院批复天津滨海新区为国家综合配套改革试验区，滨海新区发展上升为国家政策，天津经济高速发展，2010年GDP总量达到9 108亿元，连续三年保持16%以上的增长速度，逐步成为中国经济发展的第三极。

海河是天津的母亲河，它是天津市城市发展的一条轴线，它穿越了天津市中心城区的6个行政区域，穿越了天津市最繁华的劝业场、和平区金街中心商业区，穿越了天津市写字楼群比较密集的小白楼中心商务区和解放北路金融商务区，小白楼和解放北路地区是天津市传统商业和现代服务业密集的区域。海河沿岸历史遗存和文化资源丰厚，历史上九国租界也都分布在海河岸边，保留了一批欧式历史建筑，是天津宝贵的文化遗产。意式风情区就位于原意大利租界内。

天津人民对海河有着深厚的感情，一代代的天津人为了海河的繁荣发展不懈地努力着。2003年2月，天津市实施了海河两岸综合开发工程，这是解放以来最大规模的海河治理与城市改造工程。按照“展现悠久历史文化、发展滨河服务产业、突出亲水城市形象、建设城市生态依托、改善道路交通系统、充分开发旅游休闲资源”六大主题目标，实施了十大工程建设，意式风情区的保护性整修开发是海河综合开发整修置换工程中的一项重要内容。

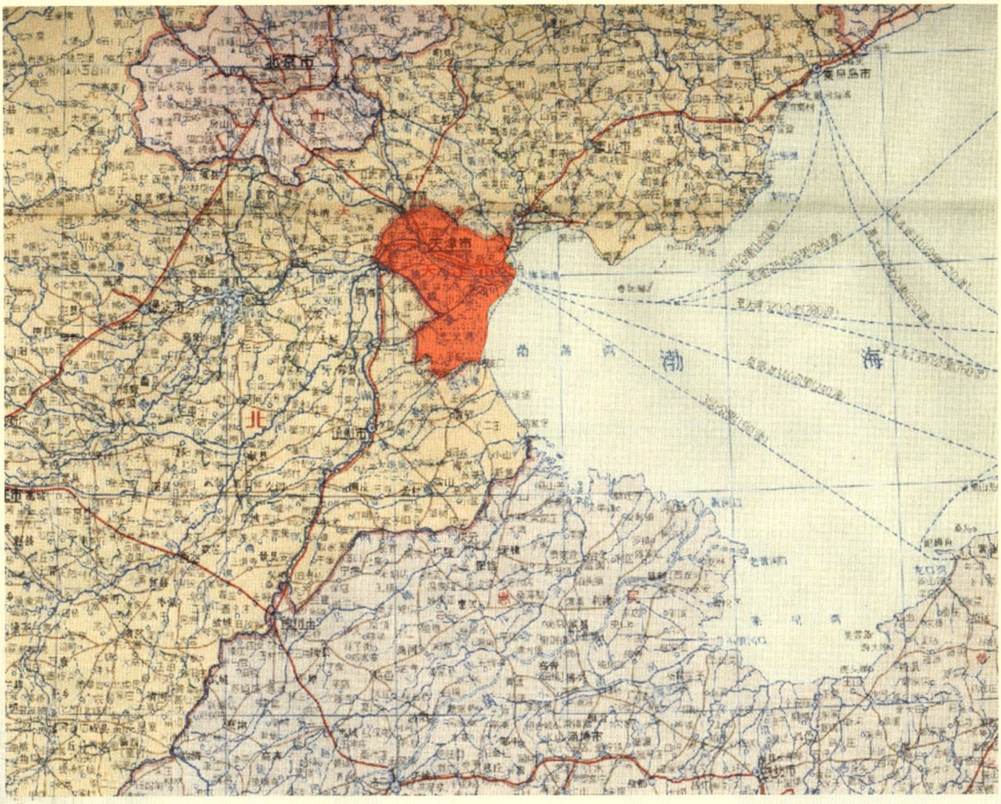
北京市
天津市
渤
海

天津海河意式风情区，这颗天津海河沿岸最璀璨的明珠，占地28.45公顷，总建筑面积约40万平方米。街区始建于1902年，最初由意大利建筑师规划设计，建有住宅、花园、广场、学校、球场、菜市场、教堂、医院、工部局、领事馆、兵营、消防队等风格独特的功能性西洋建筑。街区风貌独特，是目前意大利本土之外、亚洲唯一保存良好的意大利风貌建筑群落，具有珍贵的历史文化价值。这些极具意大利古典韵味的建筑，一直保留着古罗马建筑稳定、平展、简洁的特色，大量采用了古罗马的高低拱券、穹顶、塔楼、柱石，使这些房屋独具魅力，试图刻画出鲜明的建筑符号，也创造出了一种异域文化与中国城市结合的独特意境。

2002年底，天津市政府开始对意式风情区建筑进行保护性开发，并与意大利技术人员合作，按照“修旧如旧”的原则整修了历史建筑；引入了具有异国情调的餐饮娱乐等商户，打造出意大利风情浓郁的经典街区。

天津海河意式风情区

江泽民

二〇〇九年十一月十三日

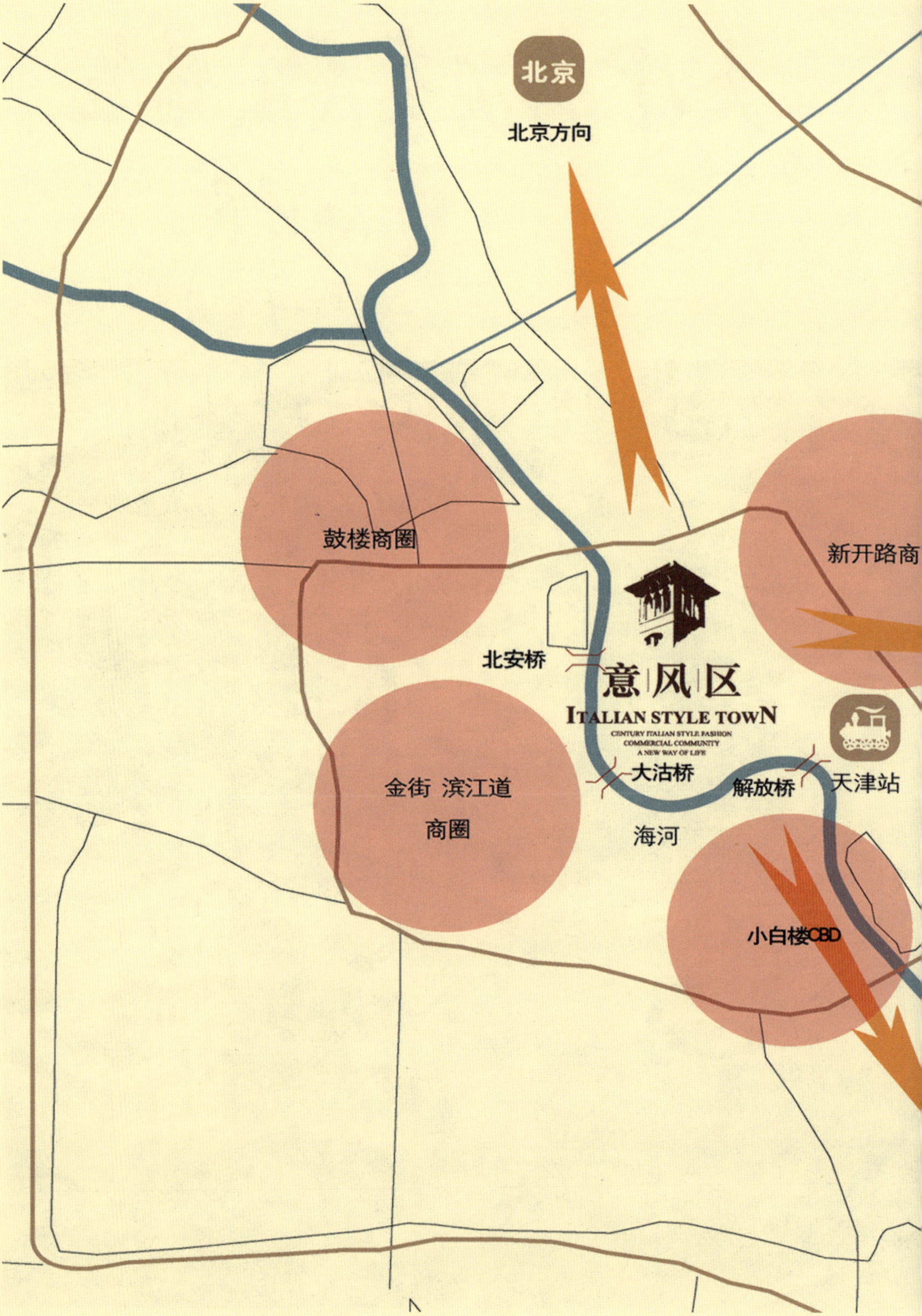
北京
北京方向
鼓楼商圈
新开路商
北安桥
意风区
ITALIAN STYLE TOWN
CENTURY ITALIAN STYLE FASHION
COMMERCIAL COMMUNITY
A NEW WAY OF LIFE
大沽桥
解放桥
天津站
金街 滨江道
商圈
海河
小白楼CBD

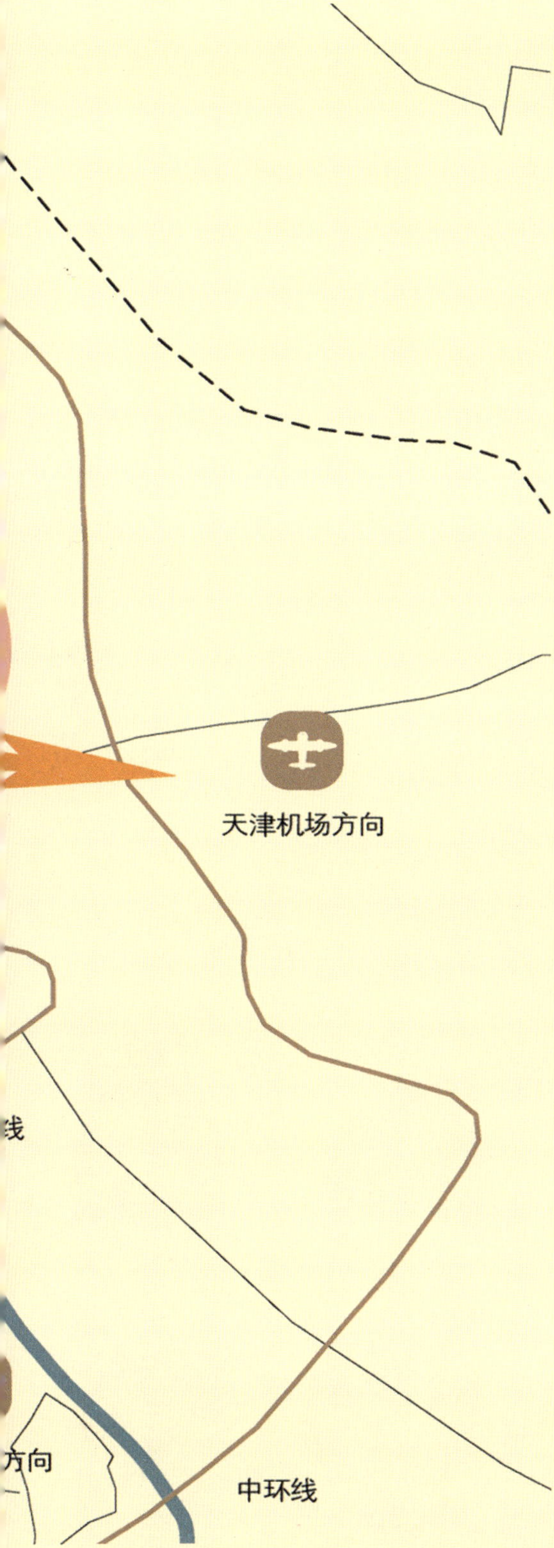

二、区位优势

意式风情区位于河北区，东起五经路，西抵北安道，南自博爱道，北至建国道，是天津市中心城区规划横轴（海河）与纵轴的交汇处，在天津市的中心，区位得天独厚。

（一）周边交通便利

距天津站步行仅需10分钟，可实现京津城际，津滨轻轨，天津地铁2、3、9号线，多路公交汇换乘。从北京到此仅需40分钟。

距天津滨海国际机场15公里，距京津塘高速公路入口10公里。

紧邻海河，设有意风区码头。地铁2号线在意风区设站。

周边有32条公交线可达意风区。周边区域有2座大型停车场，可提供车位480个。

（二）大型商业聚集

通过北安桥与天津最繁华的商业中心——和平路商业步行街相连。与百货大楼、劝业场等天津老字号著名商厦仅一河之隔。

通过金汤桥与天津东马路商圈相连，与天津最具民俗文化特色的古文化街大型商贸区隔河相望。

通过解放桥与天津商业新地标——津湾广场和著名的解放北路金融街相连。

（三）高端客流充沛

海河综合开发对周边区域进行了大规模的土地整理和经济开发，促进了周边楼宇经济快速发展。

建设了环球金融中心、奥式商务区、远洋大厦二期、嘉里中心、茂业大厦等高端商务大厦。

建设了希尔顿、津门瑞吉、假日酒店等高端酒店。

建设了仁恒海河广场、津塔公寓、君临天下、海河大道、壹街区等高端住宅。

未来几年，周边将形成200万平方米以上的高端写字楼、酒店、住宅区，带来大量的高端客流群。

（四）文化底蕴深厚

位于天津传统文化商贸区与都市消费娱乐区连接处，周边有三岔河口、玉皇阁、天后宫、李叔同故居等天津历史古迹资源。

位于沿河原九国租界之中，周边有袁氏宅邸、冯国璋故居、解放北路金融街各国老银行。

意风区内保留了一批名人故居和近代非常有价值的宝贵建筑，如曹禺故居、梁启超故居、回力球场、意大利兵营、原意国领事馆等。

以上这些历史遗存和风貌建筑是天津市600年文化和近代租界文化的代表，具有宝贵的历史价值，是天津市最重要的文化旅游资源。

三、商业定位及街区规划

在完成意风区建筑整修后，组织人员先后赴意大利、北京、上海等地进行考察，组织天津经济界、文化界的专家学者进行专题论证，组织天津市最知名的策划公司进行商业定位的策划研究，聘请了仲量联行、戴德梁行等公司进行整体业态规划研究。在此基础上，形成了意风区商业开发定位。

（一）商业定位

按照“百年历史街区、时尚商业群落”的理念，意式风情区将被打造成为“洋味”文化突出、异国情调浓郁的商业新地标。

----集聚异国情调的餐饮酒吧休闲娱乐业态；

----打造流行时尚、洋味十足的创意精品购物小街；

----开发具有意大利风情的历史文化旅游资源；

----形成独具特色的国际旅游目的地。

彰显“4个1”的特色

一条“不同凡响”的异国街巷

突出浓厚的异国特色，注重建筑细节的把握，把原有车行道改造成步行街，按照典型的意大利街区构造石钉路、建筑遮阳篷、阳台摆花，控制街区的色泽，原汁原味地进行建筑整修和环境打造。

一幅“深入浅出”的历史画卷

挖掘意风区的名人逸事，恢复曹禺故居等名人故居，设立意风区历史文化展览馆等博物馆和纪念展馆，建设意国花园，开设意大利文化中心、俄罗斯文化中心等文化中心，彰显意风区的文化底蕴。

一片“意气风发”的时尚街区

引入异国餐饮休闲、创意精品购物等时尚业态，将室外地台、餐桌、遮阳伞、花箱有机地组合在一起，用时尚艺术氛围打造街头休闲消费业态，开发行为艺术、广场艺术，组织丰富多彩的广场活动，使这处百年历史街区焕发出新的青春活力。

一组“流连忘返”的新意中人

结合历史建筑，注重街区独特风格的塑造，开发异国情调的生活体验业态，集满足吃、住、行、游、购、娱于一体的消费娱乐需求，把意风区打造成享誉国内外的天津市旅游新名片。

1 [休闲娱乐 Entertainment bars]

2 [商务办公 Business Office]

3 [精品酒店 Boutique hotel]

4 [高级会馆 Senior Center]

5 [远期发展 Development]

1
2
3
4
5
酒店
写字楼
公寓

（二）街区规划

在商业休闲板块中，突出时尚消费氛围，打造“两横一纵”的步行商业街和一条“精品购物小街”，使该地块形成一个以高端餐饮为重点，兼顾酒吧娱乐、创意精品、西洋艺术、文化旅游等业态的多功能商业街区。

（1）“两横一纵”

“两横一纵”即指自由道（胜利路—民生路）、光复道（胜利路—民生路）、民族路（博爱道—进步道），原均为机非混行道路。规划对这三条道路实施拓宽改造和街景整修，同时研究制定车流导行方案，实现机动车禁行，建设步行商业街。

其中：自由道（胜利路—民生路）步行街长720米，可经营面积9 000平方米，可容纳15个商户，经营业态主要为异国餐饮、酒吧，重点引进意餐、韩餐、日餐、法餐、德餐、马来西亚餐等，其定位主要是普通消费、休闲娱乐，氛围较为热烈。

光复道（胜利路—民生路）步行街长480米，经营业态主要为特色餐厅、零售购物和少量主题酒吧，重点引进法国福楼等商户，其定位主要是高端消费、商务休闲、文化交流，氛围较为静谧、悠然、安闲。

民族路（博爱道—进步道）步行街长1 100米，穿越市规划展览馆、马可波罗广场、异国花园、名人故居、名人画廊等文化特色区域，是一条文化走廊。

目前已建成了自由道（胜利路—民族路）、光复道（胜利路—民族路）两条步行商业街，预计在一年内实现“两横一纵”步行商业街的规划。

（2）“精品购物小街”

通过小商亭串连已有商业业态，引进泰国木雕、银饰，意大利水晶、箱包，俄罗斯的锡制品、手工艺木制品，瑞士的手表等创意特色商品，形成一条游人观光旅游的精品购物小街。

（右图中紫色为“餐饮酒吧街”，黄色为“文化走廊”，红色为“精品购物小街”）

经济开发篇

一、异国风情的餐饮酒吧街

自由道是意式风情区最先开发出的一条餐饮酒吧一条街，在自由道两侧有威尼斯广场和规划展览馆广场，围绕着一条道路和两个广场有18栋小洋楼，这里是天津市异国风味的酒吧餐饮业最集中的区域。

自由道上的小洋楼大部分都有百年的历史，特别是马可波罗广场上的建筑。这些小洋楼有地中海风情、有威尼斯风情的、有罗马特色的、有佛罗伦萨特色的，这是意式风情区异国情调最浓郁的一个区域。也许正是因为这样，从2007年底到今年，仅4年的时间，已经吸引了22家餐饮店入驻。这些餐饮店集聚了意餐、法餐、德餐、泰餐、俄餐、西班牙餐等多国餐饮。这里有天津最有名的老字号西餐厅，有百年历史的法国知名餐厅，有久负盛名的星巴克咖啡店，有品位纯正的德国啤酒坊，有彻夜喧嚣的酒吧演艺。别致而优雅的意式小洋楼和口味丰富的西餐文化结合，使意风区独守典雅的气质，人们可以在这里品味到在国外才可能品味到的美酒佳肴，体验欧式的生活情趣。拍摄婚纱的幸福的新人，目不暇接的好奇的游客，你来我往，穿梭在街区里；石钉路、喷泉、花架和一幢幢意式小楼，让人误以为身在他国。

自由道两侧餐厅外有一道长长的木台，木台上排有小餐桌和形式各异的小洋伞。木台被铁艺木花箱所围拢，打造出一条极具风情的室外休闲长廊，仿佛进入异国他乡，是意式风情区有别于其他餐饮街最突出的一个特色。每逢盛夏，人们悠闲地坐在小洋伞下，体验室外就餐的乐趣。

Provence Restaurant
普罗旺斯餐厅

夜幕降临，华灯初上，意风区色彩斑斓的灯光熠熠闪耀，端庄雅致的建筑灯光、形态各异的光雕、酒吧餐饮店的霓虹灯、小餐桌上的烛光编织出一幅美丽的夜景图画。那些欢声笑语和着温馨浪漫的灯光，与咖啡、咖喱、迷迭香的气息一起从木窗中飘出来，洋溢在整个街区内。现场表演的乐队、气息浓郁的酒香、焦香四溢的BBQ，把气氛推向另一个高潮。

在这里，不仅有酒吧、餐厅这种传统的餐饮业态，也有像天堂电影院、13 CLUB这种目前我们难以定义的全新业态。海河风貌公司的工作人员与店主们一起，用自己的奇思妙想为这个城市搭建更多的文化休闲平台，也吸引更多人走进这个古老的街区，感受它在新时代的新生气！

巴伐利亚啤酒坊

干杯！巴伐利亚！—— 巴伐利亚德餐啤酒坊

七点半钟的光景已是灯火阑珊，但巴伐利亚德餐啤酒坊却开始有些沸腾了，无论是室外啤酒花园还是餐厅内都是一派把酒言欢、热力四射的景象，一杯杯的啤酒，一碟碟的美味，让人不由得心生向往。

巴伐利亚德餐啤酒坊是一家拥有独特德国饮食风情的主题西餐啤酒坊，餐厅总经理Janet Zhao说："即便不是身处德国，顾客仍可在这里享受到原汁原味的德国美食和啤酒！"和许多去过德国的中国人一样，她深深被那里的饮食文化所吸引，决心一定要把它带到中国来！所以在意风区管委会招商阶段，她一举将街区内最大的一栋洋楼租下，一是因为楼前的花园与德国传统的啤酒花园相契合，二是对德国餐饮在天津的市场有充分的自信。

啤酒坊一、二层均为散座，需要时，可以改为容纳300人的宴会厅做大型接待，三层则为需要私密环境的高端商务宴请提供了大小不同的包间。Janet Zhao说："我们的团队对于餐厅的规划工作非常到位，为了实现方便快捷的拼桌，一、二层的桌椅全部统一定制，虽然有长、方两种规格，但在拼桌时尺寸完全匹配，对于临时到来的几十人的宴会用餐完全没有问题，这是其他普通的西餐厅很难实现的，同时精心设计的舞台、灯光、音响搭配为有喜庆

Bavaria
Love Bavaria Beer Bar
巴伐利亚啤酒坊
德式正餐
啤酒

RUSSIAN VODKA
NAPOLEON

PAULANER
MÜNCHEN
BEER AMERICAN BARBECUE

Bavaria
巴伐利亚啤酒坊

婚宴、商务会议、公司年会、新品发布、签约仪式等需要的顾客提供了完美的保障，多位中央及市领导都莅临考察并给予赞扬，也正是这份信任，多次高规格的国内外重要领导及贵宾的接待都被指定于此，还于2010年被确定为达沃斯论坛指定接待单位！

既然是“啤酒坊”，当然少不了啤酒，而且是响当当的好酒！与许多餐厅推介的鲜酿啤酒不同，这里的所有啤酒均来自德国原装进口！Janet Zhao说，德国啤酒闻名世界是源于其丰富的历史和文化渊源，可以说德国对啤酒的贡献足可比肩对哲学、文学、音乐殿堂的贡献，在其悠久的历史中创造出丰富的酿造方法，早在1516年，为保证啤酒质量，巴伐利亚公爵就编纂了《精纯戒律》，伴随着古老而神秘的传说，德国啤酒，从历史中走来，一直渗透在德国文化中，并成为了它的一部分！

而与德国啤酒相匹配的，自然是地道的德国美食，无论是别具一格的烤猪膝，还是各种口味的德国香肠，都采用了地道的德国做法保证它的原汁原味！

晚上九点，窗外华灯璀璨，一支乐队准时登场，这支来自菲律宾的乐队足迹遍布东南亚、港台及大陆地区，动感的摇滚、拉丁乐风使顾客忘情地沉浸在音乐声中，而窗外华丽的海河夜景正伴着渐凉的晚风顾自沉醉，这时，谁还能想起自己到底身在何处呢？

成桂西餐厅

“吃西餐还得来成桂”

成桂西餐厅始建于1984年，老店坐落在成都道和桂林路交口，是天津市最有名的老字号西餐厅。现在已经从当初一家经营传统俄式菜的餐馆发展成了拥有4家西餐厅和一家中餐厅的餐饮集团。

意风区内的成桂西餐厅是一栋3层小楼，室内采用全地毯铺地和实木桌椅。水晶吊灯、绘画、小工艺品等都是店主人专门请人全手工打造而成，甚至连墙壁上的涂料也是工人们纯手工抹出来的，品位高雅，艺术气息浓郁。

从成立之初到今天，传承了27年菜品制作工艺，对每一道菜品都精雕细琢。比如咸牛肉这样一道普通的菜品，现在已经很难有哪家西餐厅还知道传统的做法了，但是我们却将它传承下来，直到现在依旧用秘制的手法

1984 成桂西餐
Cheng Gui Restaurant
新·意街
HORA 1298
PIVOVAR ČERNÁ HORA 1298
1847 COPENHAGEN
Carlsberg
CERNA HORA
27年只做一道菜
—— 罐焖牛肉

来加工，虽然费时、费料，但是成品的味道绝不是其他做法可以比拟的。另外还有很多菜品都会使用到的黑椒汁，成桂的做法也是秘制的，是当年王文贵先生和来自钓鱼台国宾馆以及上海红房子餐厅的师傅交流心得后创作的，一直流传至今。再比如炸猪排，成桂一直是自己制作面包，去皮冷冻后手工切丁，解冻后用于炸猪排。

20多年来，成桂一直秉承着原来的做菜工艺，也不断地推出新菜，但是每道新菜都要经过两年测试调整才能进入菜单。二三十年前的做法是没有任何人工添加剂的，所以现在餐厅也坚持用最基本的原料自己从头做到尾，从粗加工到细加工，从半成品到成品，直至最后将盘子加热后装菜上桌。

成桂餐厅不仅每道菜的配料有讲究，每个成品也都有自己的故事。比如罐焖牛肉，只吊汤这个环节就要七八个小时，然后再用精心挑选的缸罐进行焖制，甚至有的顾客来了就为了吃罐子上的面盖。

进店用餐的顾客可以通过菜单了解每道菜品的故事。天色渐晚，鸭舌帽、格子衫、背带裤和黑皮鞋装束的成桂服务员成了小街上一道独特的风景！当琴声响起，成桂室内外顾客盈门，不仅吸引了老顾客，也吸引来一些年轻人，使成桂老字号店铺更加焕发光彩。

英租界五大道疙瘩楼著名京剧
艺术家四大须生马老板马连
良先生故居成桂西餐厅—
1984年27年只做一道
菜罐焖牛肉自80年代
国人创办西餐第一
家并开创了五大
道的繁荣经济

威尼斯酒吧

来自水城的盛邀——威尼斯酒吧

走进威尼斯酒吧的人，常常会被他们特别的小餐布所吸引——一幅意大利国旗，翻译解释说这是雷纳托先生特别的设计。酒吧一共4层，其中地上3层，每一层的面积并不大，但都被运用得恰到好处，于是形成了一个有沙发软座散座、有实木桌椅散座、有包间的布局，适合于情侣约会、家庭聚餐、商务宴请等多种形式。店铺的装修设计完全由雷纳托先生完成，店铺内放置了很多购买于意大利的古董和饰品，都是店主人的珍藏。

雷纳托先生是一个土生土长的意大利人，母亲是意大利著名的营养师，而他本人原来则一直从事外贸工作，2008年因为听到意风区招商的消息，于是决定转行从事餐饮业。在刚刚开始采访时，雷纳托先生就迫不及待地展示了店铺墙壁上悬挂的老照片，有1927年意大利足球队访华、1932年的马可波罗广场等，都是雷纳托先生费心收集并且精心挑选的。

VENEZIA CLUB
威尼斯 意餐酒吧
Krombacher

FAMILY

雷纳托先生不仅是威尼斯酒吧的店主，也是这里的厨师长。为了保持菜品地道的意大利风味和健康绿色的品质，关键的食材都是从国外固定渠道进口。比如Parmiggiano Reggiano Cheese（帕玛森奶酪），这种费工几年才能生产出来的经典食材虽然各大超市都有销售，但是店主人为了滋味地道，还是专程从原产地进口；还有萨拉米盛宴，选用意大利每个城市的火腿进行拼盘，将不同口味的萨拉米火腿放在一起，多年来也是一直保持其开店之初的品质；再比如风干牛肉，也是甄选出的需要多年工艺才能加工生产出一小块的意大利特色产品。

芭堤雅泰国餐厅

"让中国人吃上地道的泰国菜"——访芭堤雅泰国餐厅董事长秦美珠

20多岁离开故乡山东前往泰国，结婚、生子，37岁丈夫不幸去世，她独自一人将两儿两女培养成为两个博士、一个硕士和一个学士，自己则一直从事童装出口贸易……这样的经历已经让人惊叹，而更为传奇的故事却是从秦美珠在62岁时回国参加央视举办的"第四届京昆票友大赛"而开始的。

在意风区的自由道上，一家门口摆有泰国侍女木雕的餐厅格外醒目。走进店面，琳琅满目的泰国手工艺品随处可见，富有浓郁泰国风情的音乐，似有似无的香薰，喝一杯地道的拉茶，让人仿佛真的置身异国了。笔者就是在这样的环境下见到店主人秦阿姨的。秦阿姨介绍自己说已经71岁了，但是她庄重得体的套装、轻快矫捷的步伐让人不由得慨叹。

DONGMI MANSION
Introduction
简　介

YINDOU

秦阿姨说："2002年的中国之行其实阻力重重，工作的繁忙加上子女们的担心令我曾经犹豫不定。但是因为对京剧的热爱，我还是回到了祖国。其实当时我也没有想到，这次回国会打开一个新的（人生）篇章。我当时在北京住了几周，去吃了几家泰国菜，我很失望，因为那与我意识中的泰国菜相差实在太多了。于是那时候我就下决心，一定要让中国人吃上地道的泰国菜。

从食品街到塘沽第三大街，我的前两家店几经曲折，但最后终于在意风区管理办公室领导的帮助下在这里开办了令我满意的泰国餐厅。我专程回泰国邀请了6个曾在五星级饭店工作过的厨师和两名店员，高薪聘请他们来到芭堤雅工作，同时通过海运定期从泰国进口原材料，甚至连柠檬汁也从泰国进口。这一切做法都使得餐厅利润微薄，但是这都是为了我最初的梦想，那就是一定要让大家吃到地道的泰国菜。现在厨师们各有分工，冷、热、生、熟和甜品互不冲突，餐厅的运营已经步入了正轨，这让我很庆幸当初选择了意风区。

现在这家店已经有了固定的顾客群，也因为很多媒体朋友对我的关心和报道，生意也越来越好，我终于可以利用空余的时间去听听戏了！"说到这里，秦阿姨像个孩子一样爽朗地笑了，"不过我对自己从来没有满意过，我想这家餐厅还有进步的空间，我还是会一如既往地努力。"

在采访接近尾声的时候，笔者忍不住问秦阿姨说："您放弃原本安定富足的生活，奔波在泰国和中国之间，不辞劳苦，甚至不知道回报会是怎样，您坚持的动力是什么？"秦阿姨淡然地一笑，说："可能我太追求完美了。凡事要么不做，做就要做好。这样工作我并不觉得累，因为通过我可以让泰国的文化和饮食在中国得到传播，我很荣幸！"

福楼

百年历史的巴黎式经典法餐——福楼

福楼始于1901年的巴黎，创始人Floderer先生收购了一家啤酒屋，并用他名字的缩写FLO改啤酒屋名为Brasserie FLO。在法语中，“Brasserie”不是普通意义的餐厅，它指的是起源于20世纪初的法国，代表着火车站旁边兼具咖啡与酒吧功能的人气旺盛的餐厅。超过半个多世纪后，福楼集团创始人Jean-Paul Bucher将老啤酒屋改为一家餐馆，并且为它注入了新的对美食文化的追求和浓郁的艺术色彩。Bucher先生的餐馆在巴黎和欧洲不断扩大，福楼集团的餐馆一直是法国知名人士的流行的交际场所。1999年，创始人Jean-Paul Bucher先生在北京开设了全亚洲第一家福楼餐厅。

经过北京福楼十年来的管理经验积累以及对中国文化的更加深入了解，福楼集团根据国际市场变化特点，计划在中国投资打造与时并进的概念式福楼，于是 “Brasserie” 福楼天津新概念破茧而出。

继承传统 Brasserie 的风格，在轻松的氛围中提供传统法式佳肴。原料上，多采用进口上乘品质，价位则适中，迎合大部分消费人群。在福楼集团海外技术总监的指导下，福楼天津会依然保持每周更新的菜单。在福楼天津餐厅的入口处，将呈献给客人的是华丽且风格独特的酒吧以及海鲜展台，其中包括福楼享誉盛名的法国空运生蚝等海鲜。

在餐厅前的庭院中，福楼天津会设有大约100平方米的Café巴黎式露天茶座，在午后或夏日的傍晚，客人们可以在风格独特的音乐表演中，一边欣赏夜色，一边享受法国的美酒佳肴。

餐厅设有独立雅致的私人包间 Private Dining Rooms，米其林厨师精心打造的专属菜单，配以幽雅的氛围以及顶级品质的特别服务，将成为高端商务宴请以及私人聚会的最佳场所。

福楼对每一个服务的细节都给予了最大限度的关注。他们认为，细节成就完美。排号等餐的过程是漫长而无聊的，而手中捏着的号码则是冰冷而又生硬的，在越来越多的食客不得不习惯这一枯燥环节的时候，福楼却始终坚持把无趣的等待幻化为巧妙的美丽。“李斯特”、“舒伯特”或“巴赫”，这些艺术大师的名号不仅暗合了此处氤氲着的艺术气息，更蕴涵了对大师的崇敬，对等候者的尊敬。排队的客人只需在悦耳的音乐声中，饶有兴致地欣赏各幅壁画、老巴黎的照片和剪报，从旧日影像中寻找岁月的光影，待到服务生彬彬有礼地轻唤一声“李斯特先生”，便可以如梦境般地开始享受浪漫的法餐。

将于2011年9月9日开业的天津福楼餐厅将会为意风区甚至全天津西餐行业的发展注入一股新的动力。

拉维拉地中海餐厅

拉维拉地中海餐厅位于意风区威尼斯广场西侧，2010年5月正式开业，餐厅经理人旨在打造一家以法餐、意餐、西班牙菜等为主，同时努力尝试改良西餐的专业餐厅。小楼是一个典型的威尼斯建筑，也是意风区内最有特色的一处拱券式的建筑，地下一层是摩洛哥餐厅。1至2层的装修都以摩纳哥风格为主调，纯黑底色配上红色雕花的天花板使餐厅充满了异域风情，到每天接近夜晚的时候，随着灯光的变化，氛围会变得略显暧昧，小店也从餐厅自然过渡成了酒吧；1至2层的楼梯墙壁以砖红色为底色，悬挂的几幅超大尺寸的油画虽不是大家执笔却也别有风味；2至3层的楼梯间突然以跳脱的藏蓝色为底，给人很强的视觉冲击；3层是一个完全敞开式的全景露台，可容纳60人以上，吧台、音响、桌椅、花摆也是一应俱全，户外就餐享受别样的惬意。酒吧每天都有乐队演出和BBQ自助烧烤，经常在威尼斯广场组织一些大型的活动，吸引游客前来。

由拉维拉地中海餐厅的法国行政总厨率领的厨师队伍，倾力为顾客打造每一道异域美食：香煎法国鹅肝、黑椒肉眼牛排、西班牙海鲜饭、意大利面、各式披萨，样样经典，自创的招牌菜“龙虾召集的聚会”是一个以龙虾为主的汇集多种海鲜的海鲜盘，选材精心，外观也非常新颖。

CABARET
MOMO

CABARET
MOMO

塞纳河法国餐厅

塞纳河法国餐厅专营传统法式西餐，步入餐厅，黑、红两色的天鹅绒高背椅和精致的水晶杯将法式餐厅的浪漫情怀装点得淋漓尽致。餐厅一共3层，一楼为散座，二楼可以接待小型聚会，三楼为包间。

餐厅的厨师长查理多（Recardo）来自法国，从17岁开始学厨，至今已有20多年。在入驻“塞纳河”之前曾在北京工作过几年，后来因为店主的盛情邀请，以及两人在菜品经营上的一拍即合，于是欣然应约。餐厅的其他厨师也都有在国际连号的五星饭店工作的经历，对于菜品的完美程度都有较高的要求。

餐厅致力于打造原汁原味的地道法式菜，其招牌菜品也是最常见的法式菜，但精益求精的态度让店主人对自己的菜品充满自信！比如法式鹅肝酱配无花果泥，为了追求更完美的口感，厨师将打成酱的鹅肝装在柱形容器中，在低温状态下进行压缩，将其中的油脂压出，之后再加入粒状鹅肝，入口后会产生两种截然不同的口感。再比如蜗牛，也是法国菜的传统食材，而

“塞纳河”的法式香草烤蜗牛则用其秘制的酱汁填充在新鲜蜗牛壳内再进行烤制。还有法式烤波士顿龙虾配墨鱼面，其原料龙虾是从波士顿进口而来，与国内普遍的烤龙虾工艺不一样的是厨师会先用香草、胡椒、橄榄油和柠檬汁将龙虾进行腌制，之后将虾放入八成热的铁锅内煎烤，同时加入白兰地点火燃烧，之后将由海胆肉和奶酪打成的汁灌入龙虾，再撒上芝士。如此复杂的工艺只是为了使得龙虾呈现出多种层次的口味。

传统西餐进入中国市场后都有一个“改良”的过程，但是“塞纳河”的投资人认为，宁可牺牲一些顾客源也要保持地道的法餐口味，因为西餐本来就是一个“缝隙市场”，所以突出特色、保持正宗、菜品精美才是其立足之道。

意大利人餐厅

下北安桥沿着胜利路走不到100米就会看到一栋3层高的独栋小别墅，这就是意大利人餐厅。初来乍到的食客都会误以为店主是意大利人，其实店主是三位地道的天津小伙儿，而主厨米努蒂•约瑟夫（Minuti Jose）才是来自意大利。店主们说，当时餐厅的命名也是主厨的创意，将意大利语直译过来为“意大利人的小餐馆”，于是才定名为意大利人餐厅。

因为在餐厅开业之初，多是一些效力天津泰达足球队的意籍球员来此聚会和用餐，于是餐厅里面展示足球文化的照片和装饰非常多，甚至意式足球的代表人物托马西的退役式也是在“意大利人”完成的。

为了使餐厅更加具有意式风情，店主参考了很多意大利街边餐厅的设计风格，使用了简约但却昂贵的全实木桌椅，鹅黄色的桌布上摆放大红色餐巾，亚

克力吊灯垂挂在每个餐桌上方，同时整个别墅采用全木地板铺地。餐厅整体简洁而大方。

餐厅以传统意餐为主，最值得向大家推荐的就是意式手工披萨和手工意面。主厨精心打造的手工薄饼披萨与众多披萨连锁店的美式披萨截然不同。薄饼披萨的制作工艺更为复杂，对于面粉的要求更高，其滋味也更丰富。而手工意面虽然不像中餐那么讲究揉面、刀切等手法，但是使用意大利进口的面粉和设备（和面机和压面机）更符合意大利人家庭用餐的习惯，也保证了菜品的地道。现压现煮的面条配上精心调制的酱汁，店主的良苦用心和热情就都在里面了。

一顿饭毕已是华灯初上，看着窗外来来往往的车流，而身边有呢喃的轻音乐和飘着香气的咖啡，在这样一家安静的小店里什么烦恼大概也都被抛之脑后了吧！

玲珑小镇

精雕细琢，玲珑小镇

玲珑小镇坐落在自由道和民生路的交口，这是一座两层的意式小楼。一层一进门有一个小巧的吧台，开敞的餐厅内零散地放置着一些小餐桌；二层是4个很别致的包厢，半开放的露台配上别致的花草桌摆，另有一番风情。餐厅水晶灯的选择、水墨画的筷子封、轻音乐背景，无处不体现出店主人的雅致。餐厅外围有50多平方米的室外餐桌，新做的防腐木的小台、墨绿色的洋伞把街角围合出一个很优雅的就餐休闲空间。

这是一家中西合璧、中餐西吃的小店，店主陶正勇先生的浙江人，“玲珑小镇”是陶先生取意于江南小镇和意大利小街的融合，其主营的西餐菜品有瑞士西门塔尔腓力牛排、法式香煎鹅肝等，以正餐为主，也兼有下午茶；主营的中餐菜品有酒香黄鱼鲞、响油鳝糊等，特别是娃娃鱼是天津唯一的一家专营店。

陶先生对于自己精雕细琢的这家小店的未来也有着更加成熟的规划，比如室内家具的变化、二楼的改造等，都已在计划之列。陶先生坦言，“小镇”目前是以白领和游客为受众，希望将来可以将其打造成一个满足各个阶层需求的餐厅，使得每一位进来的顾客都有菜可点，无论几十块还是上万块都能吃好！

普罗旺斯西餐厅

说起普罗旺斯，大家一定会想到那一片一片迷人的深紫色。走进普罗旺斯西餐厅，人们也一定会被半圆形的紫色天鹅绒沙发椅所吸引。与一般西餐厅昏暗、复古的风格不同，这家餐厅临街部分设计了密集的玻璃窗，室内空间高大开敞，夜晚经过时灯火通明。餐厅共4层，地下层被改造为厨房，地上1至2层为散座，可以承办大型聚会和婚宴，3层被改造为三个包间。

虽然装修奢华精致，菜品也是以法餐为主，但是刘总为了迎合更大市场的需求，将餐厅定位为中高档，以便于更好地传播西餐文化。在保留了蜗牛、银鳕鱼等传统法式菜品的基础上，餐厅也开发了一些更适合中国人口味的改良西餐。刘总说一个餐厅的灵魂其实是厨师，所以对于厨师的选择当时也是颇下了一番功夫。他走访了很多星级饭店，层层把关和筛选才“挖”到了现在的这个主厨。

环境、菜系和服务三个元素是餐厅可以发展的基础。刘总和他的团队为了使餐厅更好地运营，时时刻刻在总结和开拓。当然，餐厅的内部环境是后期可控的，而外部整体环境的选择就非常重要了。当年，刘总就是看中意风区在天津市整体规划中的定位，也看中了这片百年意式建筑的新生机，在相关政府部门的政策支持下，他放弃了自己熟悉的广告业在这里开始了自己事业的新篇章。

刘总说牛小排和银鳕鱼虽然是每家法式餐厅的必有菜，在自己的餐厅中，这两个依旧是他最有自信、也是销量最好的菜品。因为对原材料的严格把关和厨师烹饪技巧的精湛，普罗旺斯在意风区众多西餐厅中才能有一席之地。而刘总对于健康饮食也有很高的关注度，于是和主厨共同研制了木糖醇蛋糕，以低糖但不牺牲口感的方式开启了蛋糕制作的新篇。

星巴克

从西雅图开始的"咖啡童话"——星巴克的品牌之路

这个故事的起源地在西雅图。这个一年中九个月细雨绵绵的城市，注定会发生浪漫的故事，就好像我们今天说的：星巴克。

1971年，三个热爱咖啡的人建立了一家叫星巴克的咖啡公司，这家公司专门购买并烘焙高质量的纯咖啡豆然后出售。而当时已经是纽约一家销售知名厨房设备及家居用品公司的副总裁及总经理的霍华德•舒尔茨却在品尝过星巴克的咖啡后"惊为天人"。于是，他只为一面之缘就此辞去高薪工作，在亲朋好友的质疑声中，投入了星巴克的团队中。然而，因为经营理念的不同，两年后，一直想卖咖啡的霍华德与只愿卖咖啡豆的星巴克分道扬镳了。

霍华德自行创业，借钱开了一家意式连锁咖啡店——每日咖啡厅(Il Giornale)。两年后，他得知星巴克咖啡要拍卖，难舍的情怀促使他冒着债台高筑的风险借钱买下了星巴克，并将自己的每日咖啡厅改名为"星巴克咖啡厅"。这就是我们今天所见到的"星巴克"了。

在短短三十多年时间里，星巴克以其"童话"般的奇迹让全球瞩目。1999年星巴克在北京开了中国大陆的第一家店，此后十年间，星巴克已经覆盖中国38个城市，店数量稳定增长。

现在在大城市的大街小巷，你都能看到这个属于星巴克的绿色海神标志了。这个貌似美人鱼的双尾海神形象，是由西雅图设计师泰瑞•赫克勒从中世纪木刻的海神像中得到灵感而设计的。就像星巴克这个名字来源于一部有关航海的小说《白鲸》一样，这个海神像也包含着早期咖啡经销商远洋和航海的浪漫情怀。同时，标识上的美人鱼像也传达了原始与现代的双重含义：她的脸很朴实，却用了现代抽象形式的包装，中间是黑白的，只在外面用一圈鲜明的绿色包围。这体现了星巴克的现代外表和优雅内在的完美结合。

这个绿色小人鱼好像有无穷的魔力，迷住了如此多的咖啡迷们，甚至，他们说："这不是一杯咖啡，而是一杯星巴克。"

星巴克的经营理念、服务准则、创新能力、选店眼光，还有它的衍生商品等，都有太多的故事可以讲，还是哪天有空，到星巴克找个靠窗的位子坐下来，喝一口最香醇的咖啡，听店主娓娓道来，"这个故事的起源地在西雅图……"，这一天，我们也就成了故事里的人。

莱茵河西餐厅

莱茵河西餐厅位于自由道进入威尼斯广场的街口，是一栋三层的小洋楼。一层有吧台和散座，二层有一处水晶挂饰的情人包间，三层有一处很有特点的由镜框和绘画包围的白色欧式家具组合的VIP宴会厅。

餐厅的行政总厨李智铭先生独创的香煎银鳕鱼配法国松露汁，味道非常好，在2007年参加西餐名师考试时获得了九个评委和大师的好评。

莱茵河西餐厅传统与现代西餐相结合，其室外白色的小伞和座椅别具一格。

二、洋味十足的创意精品购物街

从几个散落的商亭到如今的安吉里精品购物街，意风区购物环境的提升可谓别具匠心。购物街于2011年5月1日开业，坐落在原安吉里胡同。这里原为盐坨荒地，1921年军阀赵光裕建房成巷，名安吉里。其文艺复兴的风格，是典型的“欧式里弄，异域胡同”；穿行其间，可以充分享受意大利建筑的唯美。

威尼斯面具、铁皮娃娃、意大利水晶……令人眼花缭乱的商品被摆放在精致的橱窗里，令来往的游人都放慢了脚步。随着人流进入到每家店铺中去看看，会发现店铺虽小却随处可见店主之用心。乔贝拉（CIAOBELLA）饰品的店名直译过来是“你好，女孩儿”，𝄞精品店则是专营乐器摆件，新开业的“北欧风情”里满是家居用的挂盘、挂钟，AMICA水晶店内的商品都是来自意大利的天然水晶和全手工吹制摆件，“明斯特小提琴”则是一家纯手工打造专业高端小提琴的商铺，亲亲红酒屋除了销售红酒还会定期举办红酒文化研讨活动……

在整条购物街中，最引人驻足的就是全球精品采购36号。这是一种全新的业态，店铺在代购全球一线品牌的同时，也拥有庞大的设计和生产团队，对国外进口的宝石、布料、檀香木等进行设计和加工，目前也开始接受顾客的来图定制需求。其全球采购的业务已经延续多年，拥有1 000多个会员，顾客只需提供货号就能以免税店甚至低于免税店的价格实现全球购物。为了保证品质，店铺会向顾客提供原始购买票据。

异域的建筑，琳琅的商品，凹凸的石板路，铁艺花架里的绿植，街边的长椅圆桌……这种别具风情的商业街有没有让你耳目一新呢？

安吉里精品购物街

焦糖

Venice Mask
威尼斯面具

三、多姿多彩的文化活动

意式风情区的开发遵循“文化搭台、经济唱戏”的思路，体现历史建筑的价值，引入现代的时尚元素，开展丰富多彩的文化活动。既是对意风区的广泛宣传，作为一种招商策略，又给人以丰富的生活体验，满足多方面的需求。

活动主要分为几类：

①在重要节假日主办特色旅游节，如意大利风情旅游节、圣诞之夜、万圣节化妆舞会、小长假踏青等；

②举办全国性的旅游会议，如中国旅游产业节；

③承办国际性高端会议的大型露天晚宴，如在天津举办的达沃斯论坛晚宴；

④结合打造天津影视拍摄和婚纱摄影基地，举办电影周、名片首映式等活动；

⑤利用两个广场开展丰富多彩的演艺活动，如天津市群众性的舞蹈大赛、摄影大赛，广场行为艺术，少儿绘画比赛等；

⑥开设名人画廊，举办天津市各种书画、雕塑艺术品等展览。

风情旅游节

风情旅游节从2008年“十一”开始举办，每年利用“五一”或“十一”假期举办一次。每年的风情旅游节都有着不同主题的特色活动，如以品尝意大利美食为主题，聘请意大利名厨进行意式餐饮表演，辅以天津歌舞剧院的歌舞表演；又如以自由道盛大开街为主题，在规划展览馆广场安排了异彩纷呈的芭蕾舞等演出。每年的风情旅游节都能吸引20万到30万的游客，商家直接营业收入能够达到500万元。

THE BEST CHOICE OF ITALY
意大利最佳选择

中国旅游产业节

2009年9月17日—9月22日，由国家旅游局、天津市人民政府共同主办的“中国旅游产业节”在意风区举行，17日的“中国旅游产业节服装大赛”为此次盛事拉开序幕。作为首届中国旅游产业节重大亮点之一的旅游产业博览会共设展位1 331个，来自60多个国家和地区以及来自26个省市自治区的309个展商参展。据统计，旅游产业节期间，参加业务洽谈的总人数达两万多人次，达成旅游合作协议2 000多项，旅游交易额达20亿元。

电影周

2009年10月4日—10月8日，“中国天津意式风情电影周”温情上演，观众熟悉的斯琴高娃、王铁成、陶玉玲等著名表演艺术家，意大利驻华使馆文化参赞巴尔巴拉和意大利艺术家应邀参加了开幕活动。本次电影周包括意大利风情、动感之夜、电影串烧、老树皮之夜等四大电影主题，白天活动以海报展示为主，在天堂电影院前广场和规划展览馆广场展出中国及意大利经典电影海报，每日晚8点的露天电影院播放中国与意大利的经典影片，吸引众多电影爱好者前来观看，流连忘返。

电影首映式

2009年9月22日，中国首部谍战大片《风声》在影片第一个镜头的拍摄地——天津意式风情区举行了盛大的全球首映庆典。导演陈国富、高群书，主演周迅、李冰冰、张涵予、黄晓明、王志文、苏有朋、英达以及歌手陈楚生、尚雯婕等众多华谊明星莅临天津，共同揭开《风声》的神秘面纱。与以往电影首映礼不同，在这个微风习习的秋夜，耀眼的明星化为一个个美妙的音符，用音乐给大家讲述《风声》的故事。

【雙瞳】陳國富 輝煌打造
華語影史首部諜戰鉅片
風聲
THE MESSAGE
當人間淪為煉獄
誰能用信仰 迎向光明？
周迅 黃曉明 李冰冰 張涵予 蘇有朋
10.23 戰雲密佈

影视拍摄地

2008年12月5日全球公映
梅兰芳
FOREVER ENTHRALLED

今年夏天 为爱而战
非常完美
章子怡
8月14日 完美登场

白银帝国
EMPIRE OF SILVER
8月21日 汇通天下

愤怒的天使
Fen Nu De Tian Shi

中年版《过把瘾》
復婚
REMARRY

谍变 1939
SPY CHANGE 1939

庆祝中华人民共和国成立六十周年献礼剧目
解放
THE LIBERATION
2009年中国最值得关注的电视剧

風聲
周迅 李冰冰 张涵予 黄晓明 王志文 英达 苏有朋

夜来香
EVENING PRMROSE

保密局的枪声

达沃斯论坛晚宴

2010年9月14日，夏季达沃斯论坛天津之夜文化晚宴在意式风情区举行，2 000多名中外嘉宾在意风区欢聚一堂，品尝各式中西餐，欣赏精彩的中国民俗特色的歌舞杂技、京剧、民乐等演出。自由道两侧身着传统盛装的小伙子和姑娘们用中国礼仪迎接各国嘉宾。面人、剪纸、功夫茶艺、糖画等传统民间艺术展示表演吸引了无数关注的目光。意风区为本届夏季达沃斯论坛奉献的盛大文化晚宴，受到了热烈欢迎和高度评价。

各种画展

意风区开街四年来，共举办了20多次各类摄影、美术、雕塑等艺术品展览。涉及油画、国画、版画、水彩画、漫画、雕塑等各种艺术门类，成为天津市艺术家的展示平台，也是各国艺术交流的一个窗口。内容之丰富、种类之繁多、艺术品位之高雅，在天津市旅游区非常少见，深得艺术家和市民的喜爱，被媒体称为“文化饕宴”。

举办过的展览：

范增画廊
贺建国水彩画展
欧洲名品油画复制品展
海河风光摄影展
于庆成风土人情雕塑展
第21届亚洲水彩画展
意大利风情油画展
顿子斌、李桂金版画艺术展
海峡两岸精品书画展
天津市首届小型水彩画展
法籍华人叶星千油画展
韩必省书画展
美国摄影艺术展
天津百名书画名家为曹禺诞辰百年捐赠书画作品展
天津六十位书画大家精品展
太行写生水彩画展
乔晋津名星漫画油画展

广场艺术活动

意风区迎六一百名儿童绘制水彩画长卷

意风区风情旅游节群众舞蹈大赛

Bavaria
巴伐利亚啤酒坊

丰富多彩的万圣节活动

文化篇

一、意风区的由来和历史变迁

1860年第二次鸦片战争之后，天津被辟为通商口岸，英、法、德、意等国纷纷沿海河划定租界，沿海河形成九国租界。意式风情区位于原意大利租界内，1902年5月2日，天津海关道唐绍仪与新任意大利驻华公使嘎里纳（Count Giovanni Gallina）签订了《天津租界章程合同》，意大利租界面积为771亩（《天津通志·附志·租界》），有数万户居民和103块盐坨地。意租界划定之初，一片荒凉。意大利从海军陆战队里选拔了一名中尉费洛梯来天津，任命他为意大利驻天津的领事和租界的行政委员，负责租界的全面开发。费洛梯组织对区域进行整体规划，建设了“五横四纵”的道路体系，铺设了天津第一条柏油马路，制定了一套加快城市建设的政策。同时，强调租界人文景观的个性、艺术性和实用性的完美结合，规定楼房的图纸不准重复使用，从而使租界里的建筑群既和谐统一，又形态各异。到20世纪30年代基本意租界初具规模，建有民用住宅、领事馆、兵营、学校、医院、教堂、花园、球场、菜市场和消防队等建筑。

意式建筑注重环境整体美，如在广场建纪念石柱、铜人、喷水池和园林小品。楼房均为庭院式、别墅式，并注重美化、绿化，其房顶多为意式角亭。角亭有圆亭、方亭之别，圆柱或者方柱划分，并分别由圆拱、平拱、尖拱、连拱、垂柱点缀。这些角亭高低错落，构成优美的建筑空间，勾画出一道“世界建筑博览会”的亮丽风景线，是亚洲仅存的一片原汁原味的地中海建筑群。

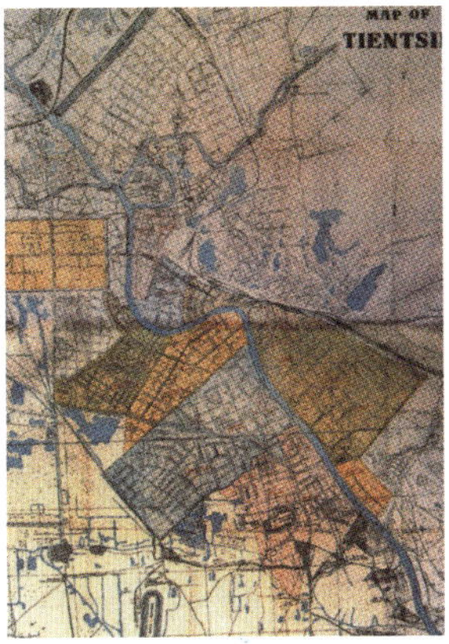
MAP OF
TIENTSI

CONCESSION, TIENTSIN
22tj.net

TIEN TSIN CINA

FORUM

工方案

lan for the settlement

BOLLETTINO ITALIANO.

ITALIAN SETTLEMENT GAZETTE.

AVVERTENZA.

TIENTSIN

PARTE UFFICIALE.

城市的组织机构的描述

settlement organization description

意大利河岸

view of riversides benches

总设计方案

detailed plan of the settlement

概况 view of the former military barrack

政府

-hall

教堂和其他住宅区

former church building and other premises

进入租借地内一条主要街道

main road in the settlement

二、名人故居

由于租界的相对独立性，是中国政治势力达不到的地区，许多达官贵人离开政治舞台以后，为了自己的安全，往往选择租界作为落脚点。意大利租界1931年居住着14位著名人物，“九一八”事变以后的1932年就增加到34位。在意大利租界居住过的著名人物有：民国前总统黎元洪，两广总督张鸣岐，政治家梁启超，旧军阀李廷玉、倪嗣冲、吴玉麟、段芝贵，天津市长张庭谔、程克、周龙光等。

新·意街

景点寻踪

- 01 民族路94号 信息中心
- 02 民族路90号 易兆云旧居
- 03 原回力球场
- 04 马可·波罗广场
- 05 安吉里胡同
- 06 原曾国荃祠堂
- 07 比国大院
- 08 原电话四局
- 09 程克旧居
- 10 梁启超饮冰室
- 11 张廷谔旧居
- 12 华世奎故居
- 13 汤玉麟旧居
- 14 曹锐旧居
- 15 曹禺故居
- 16 郑诵先旧居
- 17 原意国商店
- 18 原意大利营盘
- 19 原圣心堂
- 20 但丁广场
- 21 原孟氏家庙
- 22 原意大利领事馆
- 23 程曦旧居
- 24 韩麟生旧居
- 25 杨豹灵旧居
- 26 潘毓桂旧居
- 27 卢鹤绂旧居
- 28 王松午旧居
- 29 刘髯公故居
- 30 原华北水利委员会
- 31 王一民旧居
- 32 原圣心医院
- 33 杨以德旧居
- 34 王卓然旧居
- 35 张鸣岐旧居

Tracing the scenic spots

01 Information center at No. 94 of Minzu Road
02 Home of Yi Zhaoyun at No. 90 of Minzu Road
03 Former arena for Jaialai
04 Marco Polo Square
05 Anjili Byastreet
06 Former Memorial Temple of Zeng Guoquan
07 Belgian Courtyard
08 Former No. 4 Telephone Station
09 Home of Cheng Ke
10 Study of Liang Qichao
11 Home of Zhang Tingle
12 Home of Hua Shikui
13 Home of Tang Yulin
14 Home of Cao Rui
15 Home of Cao Yu
16 Home of Zheng Songxian
17 Former Italian Store
18 Former Site of Italian Barrack
19 Former Site of Sacred Heart Church
20 Dante Square
21 Former Ancestral Temple of the Meng's
22 Former Site of Italian Consulate
23 Home of Cheng Xi
24 Home of Han Linsheng
25 Home of Yang Baoling
26 Home of Pan Yugui
27 Home of Lu Heba
28 Home of Wang Songwu
29 Home of Liu Rangong
30 Former Site of North China Water Resource Commission
31 Home of Wang Yimin
32 Former Site of Sacred Heart Hospital
33 Home of Yang Yide
34 Home of Wang Zhuoran
35 Home of Zhang Mingqi

il posti turistici

01 il centro d'informazione, via Mingzu N.94
02 Antica residenza di Yi Zhaoyun ,via Mingzu n.90
03 l'arena precendente di pelota
04 la piazza Marco Polo
05 vicoli di Anjili
06 il tempio ancestrale di Zeng Guoquan
07 il cortile Biguo
08 il quarto ufficio telefonico
09 Antica residenza di Chengke
10 la camera Yinbing di Liang Qichao
11 Antica residenza di Zhang Tingjie
12 Antica residenza di Hua Shikui
13 Antica residenza di Tang Yelin
14 Antica residenza di Caorui
15 Antica residenza di Caoyu
16 Antica residenza di Zheng Songxian
17 il negozio italiano
18 il luogo originale della caserma originale italiana
19 il luogo originale di come Shenxin
20 la piazza Dante
21 il tempio ancestrale originale di Meng
22 il luogo originale del consolato italiano
23 Antica residenza di Chengxi
24 Antica residenza di Han Linsheng
25 Antica residenza di Yang Baolin
26 Antica residenza di Pan Shugui
27 Antica residenza di Lu Heba
28 Antica residenza di Wang Songwu
29 Antica residenza di Liu Rangong
30 il luogo originale della commissione idraulica di Huabei
31 Antica residenza di Wang Yimin
32 il luogo precendente dell'ospedale Shenxin
33 Antica residenza di Yang Yide
34 Antica residenza di Wang Zhuoran
35 Antica residenza di Zhang Mingqi

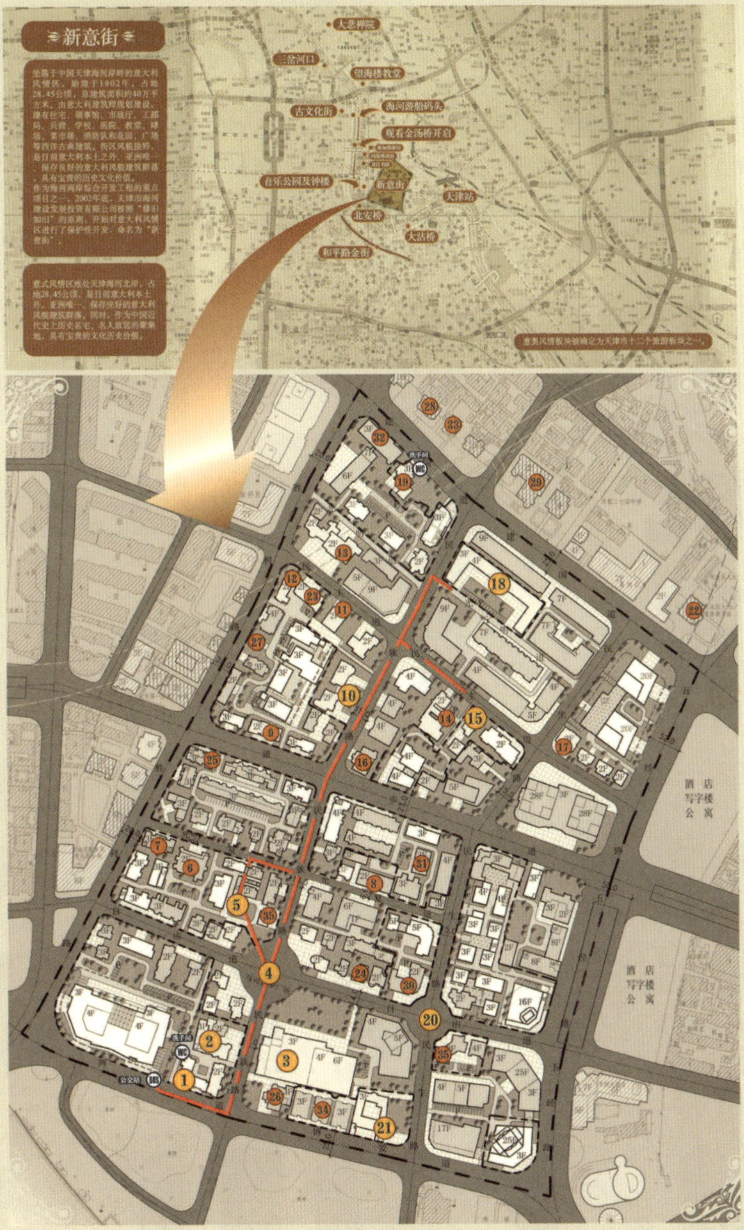

【梁启超故居】

梁启超（1873—1929），广东新会人。近代著名维新派思想家和学者，积极推动戊戌变法，协助康有为发动在京应试举人联名请愿的“公车上书”。1898年变法失败后逃亡日本。1912年回国后在天津意租界买地，并聘请意大利建筑师白罗尼欧进行设计，建设了两座建筑。主楼为水泥外墙，塑有花饰，石砌高台阶，建筑面积1 121平方米；书斋“饮冰室”为浅灰色两层洋楼，建于1924年，建筑面积949.50平方米。

故居现辟为展室，以“梁启超与近代中国”为主题，通过大量珍贵的照片、文献、绘图、实物、手迹等历史资料充分地展示了梁启超作为中国近代史上著名的资产阶级启蒙思想家、政治活动家、百科全书式的学者的波澜壮阔、丰富多彩的一生。“饮冰”来自《庄子•人世间》，当日梁氏受命变法维新，内心焦灼，欲解故引用之。

梁启超
1873 — 1929

天津市历史风貌建筑
梁启超纪念馆

著論未為百世師
獻身甘作萬矢的

【曹禺故居】

曹禺，中国最伟大的戏剧大师、中国话剧艺术的奠基人，1910年9月24日生于天津。其父万德尊曾是大总统黎元洪的秘书，1917年，由于黎元洪下台，万德尊退隐天津，在意租界购房居住，曹禺从小生活于此。就读于南开中学，受其继母的影响，自幼喜欢戏剧，23岁就读于北京大学，后创作出《雷雨》《日出》等享誉世界的话剧作品，被誉于中国的莎士比亚。

该建筑始建于清末，是前后两座共600余平方米的砖木结构的意式二层小洋楼。后楼为曹禺故居，根据历史考证和曹禺家人的回忆，恢复了故居历史面貌，辟有客厅、书房、曹禺卧室等。前楼布置了曹禺生平展，介绍了曹禺身世、成长环境和创作历程。

在曹禺故居一侧新建了一栋意式风格的小洋楼，作为曹禺剧院，建有三个小型话剧厅和两个展览厅，经常性演出曹禺剧作和现代情景剧。2010年9月24日曹禺先生百年诞辰之际，来自国内外的近100位曹禺专家相聚曹禺故居纪念馆，并在此进行了“曹禺国际学术研讨会”的首场研讨。在此期间，天津142位书画名家为曹禺故居纪念馆捐赠了145件精美的美术作品，百位书画家奉献了书写曹禺百句箴言的百米书法作品，现已是曹禺故居纪念馆的珍贵馆藏艺术品。

旧病未除又添新伤
雷雨厅

【袁氏宅邸】

袁世凯（1859—1916），字慰亭，河南项城人。1895年到天津小站编练新军，两年后任直隶按察使，1901年为直隶总督兼北洋大臣。辛亥革命后攫取中华民国大总统职位，1915年12月登基称帝，翌年死亡。

袁氏宅邸建成于1920年，是一座16至18世纪典型德式风格的小洋楼，总占地面积1 836平方米，建筑面积2 217平方米。分主次楼，主楼平面为“E”形，三层砖木结构，局部设地下室。从外部看，它的风格属于中世纪“罗马风格”的演变，又掺进了日耳曼民族的建筑手法。集中的堡式平面布局，塔楼高耸，红色的陡坡屋顶，坡面檐口处开设老虎窗，是一座典型的西洋风情的名人别墅。

此建筑是袁世凯任直隶总督兼北洋大臣后不久，以低价从奥租界购得土地，委托德国和英国建筑师设计建造的，据说此地“贵不可言、风水极佳”。该建筑于1917－1918年建成，建筑落成后，袁世凯已经去世两年了，后袁世凯的族侄袁乃宽在此居住，故称为“袁氏宅邸”。

2003年，从此建筑迁出30多户居民，按照“修旧如旧”的原则进行了全面的整修，现内部经营一家高档餐厅。

【冯国璋故居】

冯国璋（1857—1919），字华甫，河北河间人。曾任保定将弁学堂总办，直隶都督、北京政府副总统，1917年张勋复辟失败后代理大总统。

冯国璋故居紧临海河边，位于袁氏宅邸对面，该建筑为冯国璋于1913年以抵债方式购自奥工程师布吕纳的3所楼房，占地6.3亩。1915年他委托德国建筑师设计增建4所2层楼房，计有楼房110间，内有7个套间，据说每一个套间都有一个姨太太生活于此。该故居为砖木结构，多坡瓦顶。窗户为纱窗、雨淋窗、双槽玻璃窗多层结构。房屋造型整体呈奥式风格，布局大方，朴实典雅。冯国璋的曾孙、著名相声演员冯巩童年时曾在此居住。

【原回力球场】

该建筑建于1934年，意大利建筑师鲍乃弟和瑞士人凯思乐设计，孟特劳克公司施工，是一栋钢混结构的楼房，面积近1万平方米。回力球场由意商富马加里创办，是借回力球运动赌博的场所，是当时华北地区最大的室内游乐场。当年在津的下野军阀、蛰居寓公及豪绅巨商多以在回力球场娱乐消费为时髦，他们抱着追求刺激的欲望，整天泡在球场里寻欢作乐。据传，当年北京市长周大文和军阀张宗昌的秘书吴桐渊，都在此输掉了几所楼房。曾任淞沪护军使的宫邦铎，长期沉溺于回力球场，终至家业败落，妻离子散。更有法工部局的文案载某，为瞬间输掉一大笔钱而情绪激动，当场因脑溢血丧生。

新中国成立后改建为工人文化宫，内部有天津市最老的一处剧院。立面设计强调竖向构图，具有现代建筑特征。2003年对建筑进行了重新整修，改建成一处娱乐城。

【原意国领事馆】

原意国领事馆1916年建成，占地约9 400平方米，建筑面积1 800平方米，为二层带半地下室砖木结构楼房，外立面为清水砖墙，红色墙砖、白色凹槽剁斧石方壁柱并配有彩色玻璃窗。屋顶为瓦屋面四坡顶，其中，坡形楼顶上有一个方形顶楼。屋檐出挑较大，檐托支撑的以及每扇窗户的上端都有彩釉面砖作为装饰。建筑主入口门套、窗套及墙面转角等部位均采用意大利古典建筑装饰手法。该建筑为一座意大利浪漫主义风格的西洋建筑。现为天津市河北区中国人民政治协商会议办公处。

建设招商运营篇

一、建设整修

（一）背景

2003年初，天津市委、市政府做出实施海河两岸综合开发的战略决策，计划用8到10年时间，将海河打造成国际一流、服务型的“经济带、文化带、景观带”。

天津的历史风貌建筑是城市珍贵的历史文化遗产，天津作为各国风貌建筑的集聚地，有“万国建筑博览会”之称。据调查，海河沿岸有近800幢历史风貌建筑，有着一批成片的历史风貌街区，包括意风区、奥风区、法式中心公园地区、德风区、金融城五个重点整修区域，海河综合开发工程启动之初，组织实施了道路、桥梁、堤岸等“十大工程”，其中历史风貌区的整修置换工程就是其中之一。意式风情区是海河综合开发整修置换工程的重要节点。

在天津市发展海河经济领导小组办公室的统一协调下，按照市场化运作模式，成立了天津市海河建设发展投资有限公司，由其下属子公司天津市海创工程项目管理公司，与河北区政府配合，具体负责意式风情区的建设工作。

意大利政府对意式风貌区的整修十分关注，在天津设立了专门的办事机构，协助开展整修工作，意大利环保部投资370万欧元,与天津市政府开展环保项目的合作。

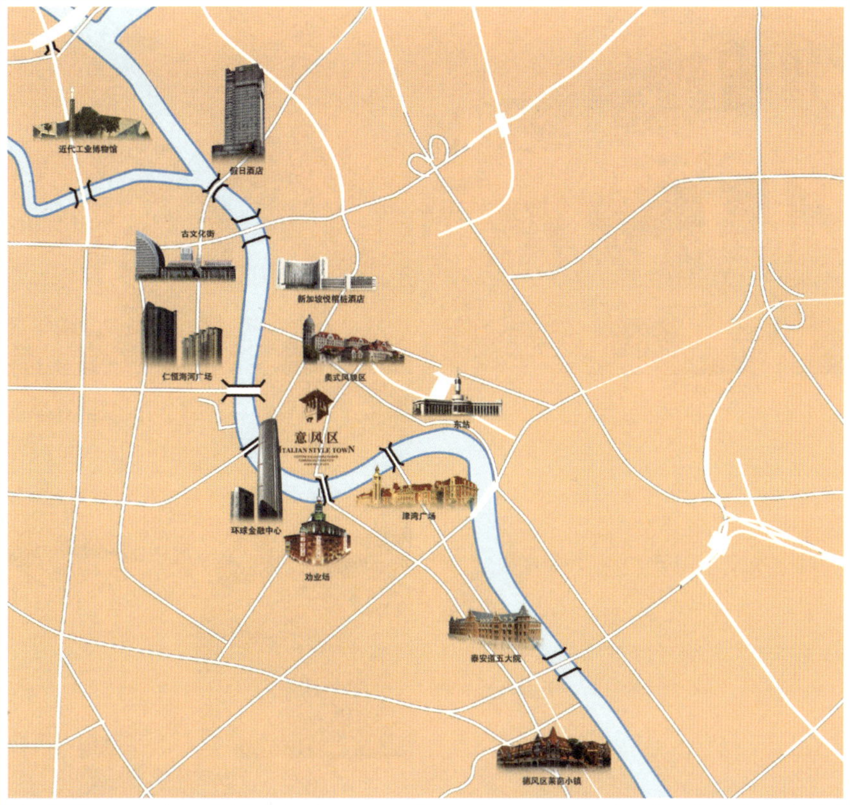

2005 年改造中的海河两岸及意大利风情区

（二）腾迁居民

意式风情区始建于1902年，基本建成在20世纪20年代。占地28公顷，其中小洋楼建筑约140栋，经过历史的沧桑，这一区域建筑已年久失修，大部分建筑由于作为住宅使用，临时搭盖的建筑较多，街区面貌遭到了严重破坏。

为了彻底改变这一地区的面貌，保护好区域内重要历史风貌遗存建筑，2003年开始启动腾迁工作，2004年10月大面积腾迁工作基本完成，腾迁出5 000户居民，对他们进行妥善安置，帮助他们购置了新房，改善了他们的居住条件。

拆

（三）整体规划设计

市海河办、海创公司织了规划方案的国际征集，来自法国AREP公司、意大利PDS公司与天津规划院的联合体、元宏建筑设计顾问（天津）有限公司及北京都林国际工程设计咨询有限公司的联合体和德国AS&P公司，共计四家国内外公司参与了规划设计。在综合法、德和中国台湾著名建筑规划机构方案的基础上，在意大利格里高蒂事务所的指导下，经天津建筑设计院整合优化，形成了最终的规划执行方案。此方案体现了“基本保护城市结构脉络，重点保护适度插建，保留原有建筑尺度和风格，修旧如旧”的原则：

一是，最大限度地保留了租界区内原有意式风格的建筑；

二是，拆除了一批与街区整体景观不协调的新建及临时搭盖建筑；

三是，对于新建筑，从体量及外观上给予严格的控制，坚持意式建筑风格，以保持整个区域建筑风格的协调统一；

四是，保留原有街区结构，维护好原有街道尺度，保留并恢复街道围墙。

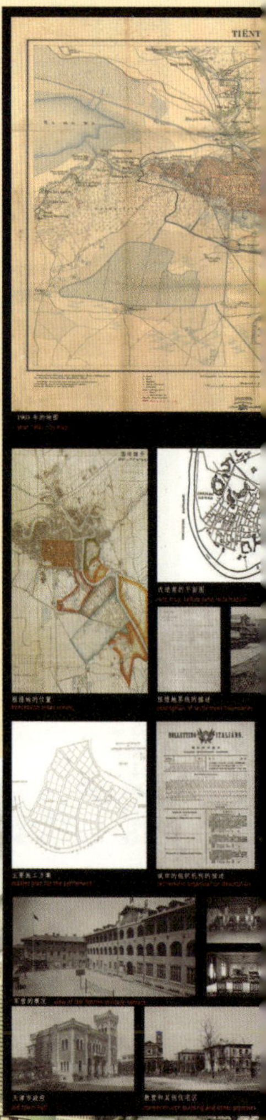

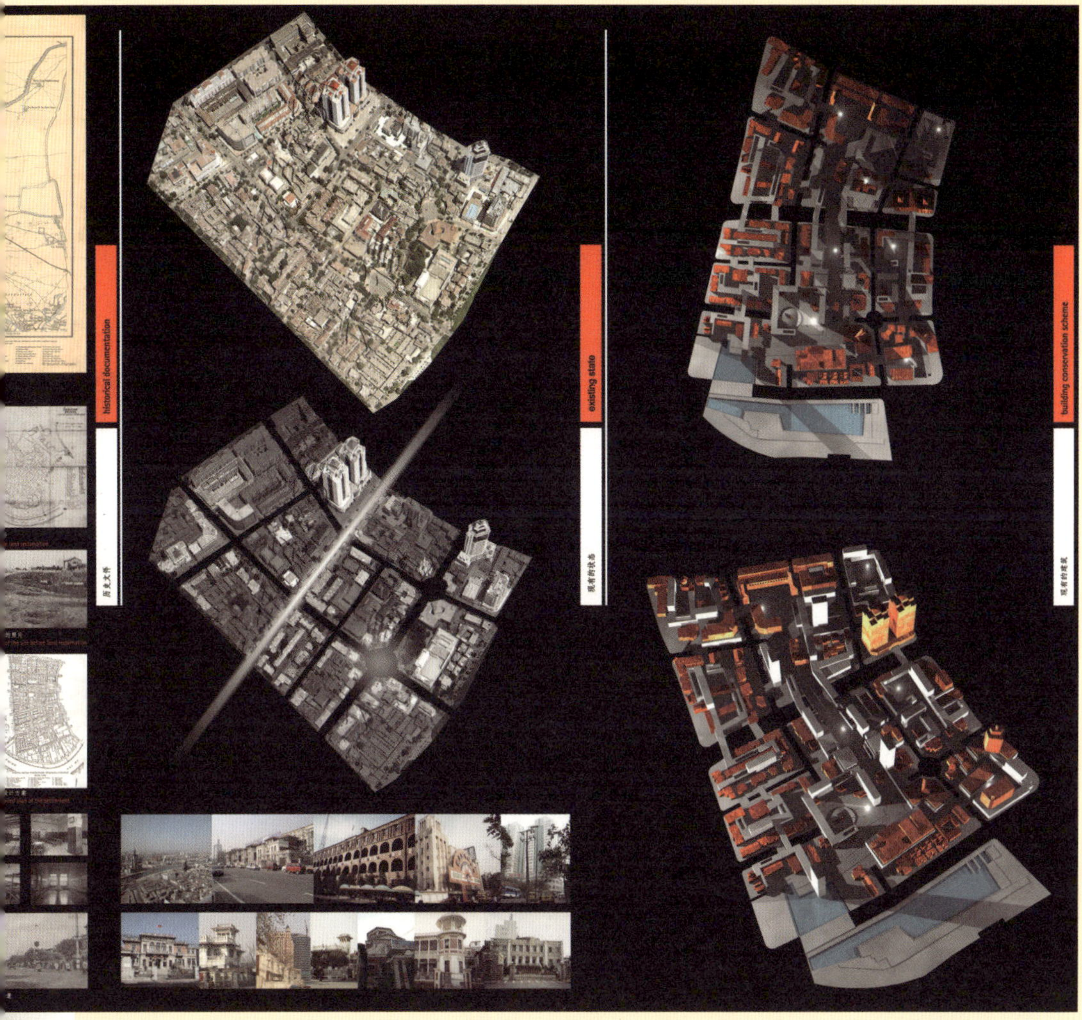
historical documentation
existing state
building conservation scheme

（四）整修

2004年底—2006年10月左右，意风区整修工作基本完成，共计整修、新建建筑66栋，约13万平方米。

整修之前，制定成品保护方案和安全施工方案，落实先加固后拆除、先上后下、先里后外、先结构后修饰、先保护后施工的施工顺序，保持建筑外部造型、饰面材料和色彩、内部的主体结构和重要装饰的原真性。

在整修过程中，按照“修旧如旧”的原则，聘请路易吉•贝里尼先生担任整修顾问，在意大利Sirena公司的设计指导下，对于保留建筑进行原汁原味的整修。同时组织寻找有利用价值的异型砖、瓦、门和各种五金设备，进行特殊的保护、处理、储存，以便适时利用。

中意两国建筑师密切合作，技术互补，根据意大利风貌建筑的常见特点采取了创新的施工方法：

① 分析建筑物遭受损失的程度，采集标本，到意大利进行分层检查分析；

② 进行清洗砖墙的弱酸试验，在清洗外墙表面污物的同时又可不影响其表面强度；

③ 通过加固与抛光的工艺来实现修复和保存建筑物原有风格的目标；

④ 直接运用现有材料进行混合加工，反复试验，获得所需要的材料。

另外，进行街道和广场的整修，由意大利建筑师设计，并进行施工指导，铺设花岗岩石钉路面，保留原有的栅栏，营造浓郁的意大利风情，并根据新的使用功能和业态构成，重新计算了该区域的基础设施负荷需求，对区内11条道路全部进行了重新改造，重新铺设地下管网，解决了雨污水分流问题，实现电力、通信、煤气等管线增容，铺设中水管网。

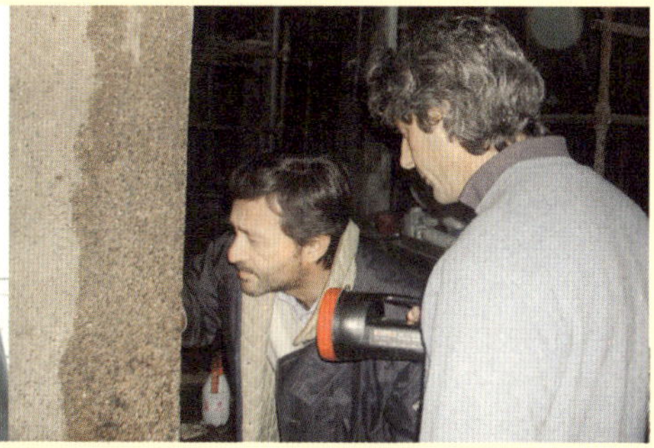

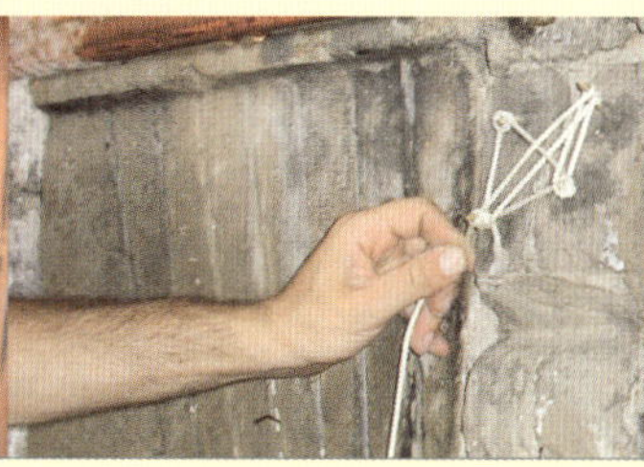

Surfaces

Mouldings

Three dimension elements

Reliefs

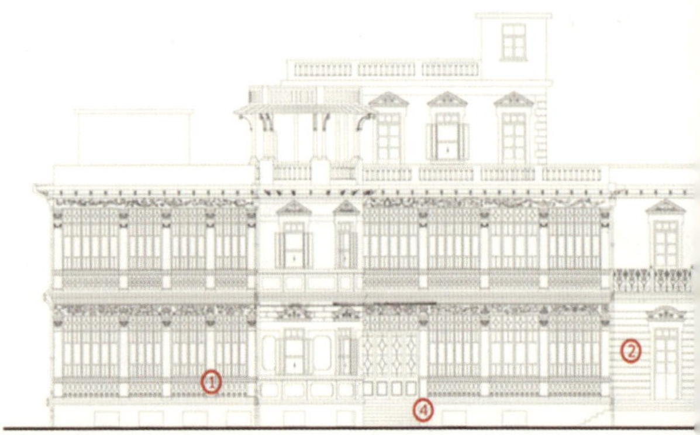

①

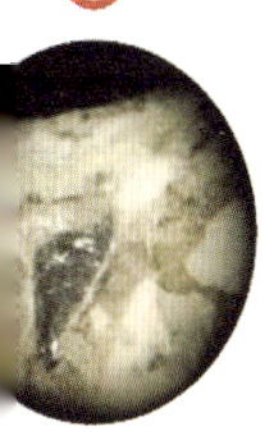

②

③

④

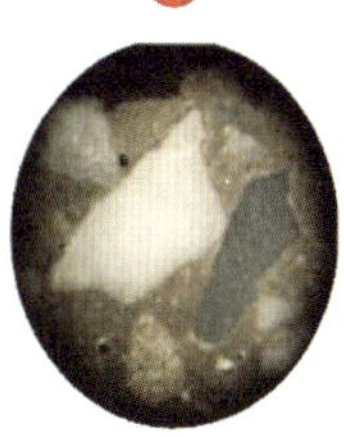

二、环境打造

意式风情区的环境景观设计，参照罗马、佛罗伦萨、威尼斯的城镇景观体系，在线性的空间中连续地体验现代与传统的融合。自2008年10月商业运营以来，我们始终注重细节，从商业标识、遮阳伞、遮阳棚、花箱、雕塑、绿化等细部入手，精心雕琢出纯正的意大利味道的街区环境，创造出洋味文化浓郁的室外休闲氛围。

（一）打造环境怡人的休闲空间

在建筑周围铺设休闲木台，成为了各餐厅经营的延续空间，配以铁艺桌椅、欧式遮阳伞等欧式的庭院环境元素，使人仿佛置身欧洲街区，点上一杯下午茶，体验外国人那种享受生活的乐趣。

（二）创造空间中的绿化景观效果

街区花箱、草坪构成了街区平面的绿化景观效果；沿街建筑立面放置花卉绿植，使原本生硬的建筑外檐更多了些生机，街区绿化种类30余种，其中牵牛花一项就有8个品种，红的、白的、紫的，数百盆不同品种、不同颜色的牵牛花，错落有致地摆放在意风区的窗台、阳台、屋顶上，成为街区一道亮丽的风景线，意式风情区环境布置典雅，异国情调浓郁、“洋味”实足的街区特色更加突出，在这样的环境氛围下，一批特色餐饮企业开业纳客，使这个百年意大利街区成为鲜花装扮的天津时尚餐饮风向标。

（三）建设文化气息浓郁的景观雕塑

充分发挥街区历史文化资源，恢复了马可波罗广场女神、飞狮喷泉等雕塑景观，新建了马可波罗雕像、海神雕塑、花神雕塑等15组雕塑，展现意式风情区一种邂逅建筑与时间的浪漫情怀；一场荟萃人文与商业的梦幻体验；一次凝结传统与现代的激情碰撞；一段探索异域与中式的精彩

旅程，“百年历史街区、时尚商业群落”，马可•波罗广场之女神的期盼，打造出一种文化气息浓郁的欧式景观街区。同时随着街区商业的开发运营，邀请意大利波捷特景观设计公司对街区商业氛围进行设计，结合各进驻商户在建筑外檐适当位置增添商业标识，使历史和现代商业很好地结合。

（四）形成层次错落有致的灯光系统

瞄准“世界一流、全国第一”的目标，精心打造以建筑外檐灯、绿化景观灯、街区霓虹灯为主体的，多层次的意风区夜景灯光体系，形成绚丽的意风区夜景景观。建筑灯光弯曲优美、光线柔和；绿化景观灯丰富了绿化景观照明，充分衬托了街区绿景；街区霓虹灯各具特色、绚丽多彩，成为一个亮点。伴随着悠扬的小提琴声，沿着城市规划展览馆—小街—自由道—威尼斯广场，一路走来，仿佛踏上了星光大道。

总体上看，意式风情区独具欧式风情的喷泉雕塑、绿地景观、夜景灯光、拱券、门廊、庭院广场、室外酒廊等无时无刻不散发出浓郁的意域风情。意风区突出洋味、时尚、经典、靓丽的都市特色，被评为国家4A级旅游景区。

ITALY RESTAURANT

三、商业开发

2008年以来，按照市委、市政府搞活天津商旅服务业发展的要求，意式风情区招商运营工作正式启动，天津市海河投资公司成立了子公司——天津市海河风貌建设发展有限公司，由该公司全面负责街区的招商运营管理工作。

（一）开发过程

首先启动1、4号街区的招商运营工作，业态定位餐饮娱乐，提升街区人气。截至2010年底，初步形成了以自由道、光复道两条步行街为主线的“两横一纵”的商业布局，同时先后举办了意大利风情旅游节、达沃斯论坛文化晚宴、中国旅游产业节、《风声》首映礼等多个具有国际影响力的著名文化活动，累计吸引游客800余万人次，促进第三产业消费，带动了区域整体服务业水平的提升，意风区形成了集“餐饮、娱乐、休闲、旅游、文化、创意”等功能于一体的综合性商业街区，成为代表天津城市形象的一张新名片。

2011年以来，进一步围绕着丰富街区的业态工作，利用威尼斯小广场打造出“安吉里精品购物街”，引进了来自意大利、法国等国家的水晶、工艺品、皮具、红酒、饰品、化妆品等进口商品，大大提升了街区的商业文化氛围。

同时，为形成“吃、住、行、游、购、娱”综合商业特色街区，在1号街区利用易兆云旧居打造精品特色酒店。聘请英国著名酒店设计师林马克进行设计，引入浩富（英国）国际酒店管理有限公司作为酒店管理方，将其开发成为一座仅有11个风格各异房间的欧式精品酒店，突出古典、奢华特点，并提供管家式服务，让顾客感受全新的生活体验。

目前，在1、4号街区形成商

业氛围的基础上，向北推进开发14号街区，将其打造成为花园式高端商务办公区，形成天津楼宇经济开发的代表性区域。重点引进企业包括金融类企业、中介服务前端企业、优质房地产企业、区域性的销售研发中心、承担服务外包的企业、知名品牌销售部和设计创意企业等。目前区域内渤海商品交易所作为洋楼经济的代表，已显示出较强的“龙头”带动作用，仅去年创造税收约1 800万元。

（二）取得的招商成果

截至目前，意风区共计经营店铺61个，共计经营面积4.9万平方米，其中：

▲餐饮娱乐，20栋建筑，共18 842平方米，引进商家26个；

▲文化项目，11栋建筑，共23 323平方米，引进业态11个；

▲精品零售，4栋建筑(12个商亭)，共2 621平方米，引进商家22个；

▲金融服务，1栋建筑，共1 706平方米，引进商家1个；

▲精品酒店，2栋建筑，共2 356平方米，引进商家1个。

（三）社会经济效应

2009年以来，意风区作为代表天津城市形象的窗口，共计接待中央及外省市重要考察团200余次，极大地宣传了天津经济社会发展取得的新成果，发挥出了良好的示范效应。

另外，根据统计，街区运营以来，共计创造就业岗位1 500多个，产生营业额1.3亿元，发挥出了良好的示范效应。意式风情区真诚地欢迎各界同人来意风区共谋发展大计，也衷心地希望在欣赏这个区域独特的历史文化风情和建筑艺术的同时，感受文化熏陶，实现经济共赢。

四、运作模式

意式风情区坚持“政府主导、企业运作”的总体运作模式，确保街区实现“高水平规划、高标准建设、高效能管理”的目标。

（一）政府主导

2003年，天津市政府成立发展海河经济领导小组办公室，代表政府全面负责海河综合开发工程的协调管理工作，其中包括意式风情区的建设协调工作。

2008年，天津市政府提出繁荣商旅服务业发展要求，成立了商贸旅游发展重点指挥部，意式风情区作为重点项目，市商务委、市旅游局、工商、税务、消防、卫生、公安、交管等部门参加组成临时工作小组，推动意式风情区的招商运营工作，其中商务委协调街区的招商工作，旅游部门加大各项大型活动组织的协调支持力度，工商、税务、消防、卫生、公安、交管等职能部门配合进行街区税收优惠政策的制定，工商行政手续的办理，消防、治安、交通的保障，使得街区开发运营工作得以迅速启动。

街区招商完成之后，天津市人民政府、河北区人民政府，授权河北区意式风情区管理委员会依法对意式风情区进行政府协调管理，履行下列管理职责：

一是，宣传、贯彻有关法律、法规；

二是，组织或者协助有关部门，加强治安、交通、环卫、市容等管理工作；

三是，对于不符合业态规划要求的楼宇，通过腾迁、置换等方式，进行业态调整；

四是，调查、收集、整理、研究意风区历史文化；

五是，组织开展意风区保护方面的宣传、教育、培训、学术研究。

（二）企业运作

可以说，政府在意风区的规划、建设、招商、运营中发挥着主导作用。同时天津市海河建设

发展投资有限公司作为政府投融资平台，负责海河两岸的基础设施建设，盘活城市资源，下属子公司天津市海创工程项目管理有限公司负责意式风情区的建设整修工作，建设完成之后移交天津市海河风貌建设发展有限公司负责意风区的招商运营管理工作，始终坚持企业运作，走市场化的路子。

一是，作为投资主体，从2003年开始至2007年街区基本完工，共计投入资金约14亿元，委托下属子公司天津市海创工程项目管理有限公司负责对街区的道路、地下管网、街区广场雕塑、楼宇进行了全面的整修。

二是，作为运营主体，委托天津市海河风貌建设发展有限公司具体负责街区的招商运营工作，先后引进了一批国内外知名商户；同时细化物业管理工作，从保安、保洁、绿化等方面，加强管理，确保街区物业管理的高水平；强化商管工作，加强对街区商户的管理，通过开展商户培训、商户星级评选、街区消费客群分析等工作，不断提高街区服务水平，打造“五星”级酒店水平的服务品牌。

三是，作为管理主体，履行下列义务：

① 制定景区内管理制度，维护景区内的环境卫生、游客安全和公共秩序；

② 建设、维护、管理景区内基础设施和公共设施，景区周边市政道路由有关专业部门管理；

③ 对区内经营活动进行指导与监督，适时发布鼓励或者禁止经营的项目目录，保持意风区商业文化特色；重点发展异国餐饮、精品零售、文化创意、精品酒店及会所等服务性产业；合理安排区内商品经营市场布局；

④ 处理好街区内部非海河产权楼宇的开发管理工作，对其业态选择、环境布置、服务水平等进行统一要求、统一管理，确保业态符合统一规划，环境布置与街区整体氛围相符合。

总体上讲，意式风情区坚持“政府主导、企业运作”的模式，在城市风貌街区的保护性开发方面，作出了有益的探索，对于盘活城市资源，摸索出了一些可以借鉴的经验。

ITALY RESTAURANT

五、经验总结

意式风情区经过几年来的开发，取得了较大成就，总结起来，主要经验有以下几点。

（一）政府重视

2003年意式风情区开发建设之初，就得到了天津市委、市政府的高度重视。2008年8月，天津市提出大力发展商贸旅游服务业的要求，天津市主要领导带队赴意风区调研，提出将意式风情区“打造成为国际一线品牌的聚集地，成为能够达到为外商服务标准的餐饮、娱乐、消费的综合体，成为天津市旅游文化的新亮点”的目标。招商工作启动后，天津市主管理商业副市长亲自指挥，抓意风区的招商运营工作。2009年7月，意式风情区在天津“十八区县互访互查”评比中脱颖而出，得到了各级领导的一致好评，成为代表天津城市形象的一个重要窗口，由市主要领导陪同，先后接待了中央及各省市考察团200余次，也进一步提升了意风区的知名度。

（二）“政府主导、企业运作”的机制

“政府主导、企业运作”的机制，确保街区兼顾“政治效益、社会效益、经济效益”，保证了街区的平衡发展。意风区作为天津商业的新地标，成为与上海新天地、北京三里屯、南京1912相媲美的城市品牌，不断发挥带动、辅射功能，促进天津商旅服务业发展，提升第三产业在天津国民经济发展中所占比例，进而实现天津经济社会的又好又快发展。意风区已成为天津“十二五”期间经济结构调整的关键点之一。同时意式风情区持续组织一系列高品质文化活动，丰富天津广大市民业余文化生活，产生了良好的社会效应。另外，意风区加快招商步伐，盘活城市历史风貌资源，不断提升税收与经济开发价值，产生了较好的经济效益。

（三）经济与文化开发相联系

意式风情区是意大利在亚洲保存最大的、最完整的意式建筑群落，对意风区的开发，一是坚持体现意大利文化，展现真实、地道的意大利生活方式，二是坚持体现中国传统故事，突出名人故居，如曹禺故居与戏剧文化，梁启超与中国近代革命等内容。深入挖掘意风区历史文化内涵，打造“曹禺纪念馆、曹禺剧院—梁启超故居纪念馆—意风区历史文化展览馆—意风区1、4号街区—城市规划展览馆”这一条精品旅游线，使商业氛围与街区历史文化背景深层互动，打好意风区文化牌，助推天津文化产业发展，提升经济发展生命力。

（四）坚持不断创新的理念

创意更有意。没有了创意，就没有了活力，意式风情区的创意从未停止过，小火车开进了意风区，人体彩绘秀出了前卫，行为艺术展示出不同表演魅力……意风区创意更有意，从《梅兰芳》到《非常完美》，黎明、章子怡、周迅等一批影视名人的到来，也给百年历史街区又增添了几分时尚和创意，百年历史街区，形成了一个时尚的商业群落。

天津市人民政府办公厅文件

津政办发〔2009〕158号

关于印发天津市特色商业街区管理办法的通知

各区、县人民政府，各委、局，各直属单位：

经市人民政府同意，现将《天津市特色商业街区管理办法》印发给你们，请照此执行。

二〇〇九年十二月二日

天津市特色商业街区管理办法

第一条 为加强我市特色商业街区（以下简称特色街）管理，提升特色街品位，创建符合天津城市定位，体现大气、时尚、经典、靓丽的都市特色的商业街区，制定本办法。

第二条 本办法所称特色街，是指符合商务部制定的《商业街管理技术规范》（SB/T 10517—2009）及我市特色商业街区管理规范要求，具有购物、餐饮、休闲、旅游、文化和娱乐等特色功能的商业街区。

第三条 本办法适用于本市范围内特色街的管理和认定命名。

第四条 市商务委根据《天津市城市总体规划（2005年—2020年）》和《天津市商业布局规划》，负责制定特色街发展规划及管理规范，组织特色街的认定和命名。各区县商务部门负责组织实施本办法。

第五条 特色街应设立专职管理机构，负责对街区环境卫生、公共秩序、食品安全、经营服务等实施统一管理，通过加强管理服务，突出本街区的经营特色，创建服务品牌，提高特色街的知名度和吸引力。

特色街管理机构应遵守有关法律法规，自觉接受有关行政管理部门的监督管理。

第六条 特色街管理机构应按照国家相关质量管理标准，结合本街区经营定位及行业特点，制定《管理服务规范实施细则》，印发街区内经营单位，实行规范化管理。

第七条 特色街管理机构应严格履行各项管理职责，落实《管理服务规范实施细则》，对街区内不符合管理服务规范的行为应予以纠正，对街区内违法行为要及时制止，并将有关责任人依法移交有关部门处理。

第八条 特色街内的经营单位和经营者应自觉接受特色街管理机构的管理，严格执行《管理服务规范实施细则》，依法依规搞好经营，提升服务质量，维护特色街整体形象。

第九条 特色街开办夜市或以夜市为主要经营方式的，要合理设置灯光，严格控制噪声，自觉维护市容环境，不得违法占道影响交通，不得影响周边居民生活。

第十条 特色街认定命名应具备下列基本条件：

(一)符合本市城市总体规划和商业布局规划，经营特色鲜明，具有较高的知名度和发展潜力。

(二) 规模居全市同行业商业街前列；同类商品或服务高度聚集，经营同类商品或提供相关服务的店铺数量或营业面积应占特色街店铺数量或营业面积总数的50%以上。

(三) 配套设施齐全，消费环境舒适。

(四) 经营管理有序，服务规范，文明诚信。

第十一条 特色街认定命名应依照以下程序：

（一）特色街管理机构向所在区县商务部门提出申请。

（二）区县商务部门初审，符合条件的，向市商务委推荐。

（三）特色街管理机构与区县人民政府签订管理责任书，区县人民政府分管商务工作的负责人与市商务委签订管理责任书。

（四）市商务委审核认定命名。对认定命名为“天津市特色商业街区”的特色街颁发标志牌并向社会公布。

第十二条 全市特色街实行总量控制。各区县不得自行命名特色街。

特色街的审定命名每年进行一次。

第十三条 市和区县商务部门应加强对特色街的考核、检查和指导，检查可采取定期或随机的方式。

第十四条 市工商、公安、卫生、市容园林、质监、食品药品监管、环保等部门应本着促进特色街繁荣发展的原则，按照各自职能，指导和监督特色街管理机构履行管理职责，规范经营行为，维护市场秩序，提升管理水平。

第十五条 对新建并经市商务委认定命名的特色街，市和区县人民政府要给予政策支持。

对经营管理规范，并在国内外及其消费者中商誉良好的特色街，应积极宣传，扩大影响。

对已经命名的特色街，市商务委每年进行复检，对达不到本办法规定条件的，下达限期整改通知书，整改后仍达不到规定条件的撤销其命名，摘除特色街标志牌，并在媒体上公布。

第十六条 本办法自2009年12月1日起实行，2014年12月1日废止。